엄마의 수학교과서

수능편

홍창범

들어가며

　온 세계가 '코로나19'의 공포에 떨고 있다. 2020년, 중국 우한을 발원지로 뻗어나간 병원체는 일거에 전 세계를 두려움에 떨게 했고 우리나라도 큰 영향을 받았다. 사람들이 여행을 자제하고 외출도 최소화하다 보니 경제도 활력을 잃고 거리도 썰렁해졌다. 언제까지 이렇게 조심하며 지내야 하나 조바심이 들지만 건강과 생명이 관련된 사태에 그 누구도 배짱으로 덤빌 수는 없다.

　그런데 이렇게 모두가 위축되고 불안해하는데도 불구하고, 적어도 겉보기에는 아무렇지 않게 붐비는 거리가 있었으니 바로 유명한 입시 학원가다. 지역감염이 절정에 달해 정부의 권고에 따라 숨죽인 몇 주의 기간이 있기는 했다. 하지만 '코로나19' 못지않게 두려운 현실인 대학입시에 목을 매는 수많은 청소년들은 대치동으로 대표되는 입시학원가에 갇혀, 죽기 아니면 까무러치기라는 각오로 쉴 새 없이 이 학원 저 학원을 오갔다.

▌엄마는 버스보다 빠르다.

　아이들을 대신할 수 있다면 얼마든지 초능력을 발휘하는 엄마들은 이 비정한 입시 거리에 자녀들을 내보내는 대신, 자기들이 이 수험생의 대열에 끼어들고 싶은 심정이다.

그러나 현실의 벽은 높다. 공부의 질은 턱없이 높아졌고 아이들을 달래기에는 그들의 키와 자존심이 어느새 커졌다. 용돈이나 때 맞춰 주는 게 부모의 역할이고 "내가 다 알아서 한다"는 말에 불안하면서도 그저 고개나 끄덕여주는 게 초능력 엄마들의 자신감 잃은 처신이다. 그러나 엄마들은 무기력하게 이대로 있을 수만은 없다. 뭔가 능력을 발휘해야 한다.

여기 약간의 의미 있는 방법을 마련했다. 이 책 하나에 아이들이 고등학교에서 배우고 수능에서 다뤄야 하는 모든 단원의 개념이 소개됐다. 이를 엄마들이 이해하기 쉽게 실생활 문제로 풀어서 설명했다.

사실 수학 교육과정은 엄마들이 고등학교를 다녔던 20~30년 전과 비슷한 부분이 많아서 그저 읽어보는 것만으로도 과거의 기억을 소환할 수 있을 거다. 특히 최근 일어났던 다양한 이슈, 곧 코로나19, 국회의원 선거, 잡기 어려운 집값, 주가의 등락 등이 문제의 근간을 이루니 관련 궁금증을 조금 해소할 수도 있다.

이 책을 통해 아이들이 공부하는 내용에 대한 이해와 공감대를 넓힐 수도 있다. 과도하게 아는 체만 하지 않는다면 "엄마 제법이네." 하는 아이들의 인정과 함께 서로에게 적지 않은 자극이 될 수 있고, 경우에 따라서는 아이들이 "엄마보다 내가 먼저 봐야겠는 걸." 하면서 간결한 단원의 개요와 배경에 흥미를 보이는 경우도 있을 거다.

이 모든 게 수학을 통해 즐기는 인생의 한 과정과 부분이길 바란다. 그리고 무엇보다 중년을 앞둔 사오십 대 엄마들에게 사소한 도전이길 바란다. 어떤 도전자는 다음과 같은 구실로 다소 쑥스러운 도전의 이유를 삼아도 좋다. "수학문제를 푸는 게 치매 예방에도 도움이 된다던데?!"

■ 이 책은 단원별 본문과 어드바이스로 구성됐다.

본문은 우리 주변에서 나타나는 수학적 현상을 관찰해 엄마들이 쉽게 단원의 개념을 받아들일 수 있는 부분이다. 한 번 주의해서 읽는 것만으로도 재미있게 내용을 이해할 수 있을 것이다. 혹시 개념 이해에 어려움을 겪는 자녀가 있다면 함께 읽는 것도 권하고 싶다. 함께하는 과정에서 뜻밖의 깨우침을 얻을 수도 있다.

본문 중에는 개념이해에 도움이 될 1~2문제를 제시했는데 그리 어렵지 않게 풀어낼 수 있을 거다. 혹시 선뜻 답이 떠오르지 않는다고 해도 전혀 실망할 필요는 없다. 본문의 설명과 관련 문제풀이는 유튜브*(검색어: 엄마의 수학교과서)*를 통해 자세히 제공할 예정이다*(다음 쪽 참조)*.

어드바이스에서는 단원 설명에 필요하거나 단원 주변에서 알아두면 좋을 만한 상식적인 문제를 소개했다. 자녀들과 대화 중 한두 번 써 먹을 수 있는 근사한 정보에 속하므로 잘 읽어두고 사적으로 나간 어느 자리에서 활용해보길 바란다.

단원 끝부분에는 '수능 둘러보기' 문제를 실었는데 이를 절대 자기실력 평가의 기준으로 생각해서는 안 된다. 여기에 소개한 문제는 실제 수능 문제의 맛을 보기 위한 시식코너로 생각하자. 이 문제를 풀어낸다면 지금 수능 시험에 도전해도 가능성이 있겠지만 굳이 부담감을 갖고 집착할 필요는 없다.

답을 찾지 못했다면 꼭 어려워서라기보다 여러 부문의 기본 용어 정의가 필요하기 때문이다. 문제를 제시한 건 학부모가 자녀와 함께 맛을 보면서 소통하기를 바라는 의도이고, 엄마들은 이해하지 못해도 그만이며 얼마든지 건너뛰어도 좋다.

참고로 수능에서 수학문제는 30문항이고 보통 2점짜리가 3개, 3점짜리가 14개, 4점짜리가 13개이다. 단원의 구성은 총 8단원으로 되어 있는데 수학은 분명히 위계가 있는 공부이기는 하지만 당장 관심이 있는 어느 부분이라도 먼저 읽을 수 있도록 단원별 근본 아이디어에 중점을 뒀다. 따라서 독자는 관심이 가는 어느 부분이든지 먼저 읽도록 하고 혹시 다른 단원과의 연관 내용이 나오면 그 부분을 찾아 부분적으로 읽든지 일단 보류했다가 나중에 이해해도 된다. 또 유튜브를 찾아 설명을 들으면 적지 않은 도움을 받을 수 있을 것이다.

본 QR코드를 스캔하시면 이 책의 이해를 돕는 유튜브 페이지로 연결됩니다.

차례

들어가며   1

01 확률   7
로또 당첨의 확률은?   10
코로나19 확진자의 조건부 확률   19

02 통계   29
선거 여론조사의 지지도 해석방법   32
시험의 표준점수는 어떻게 구할까?   36

03 지수   41
지수로 보는 아파트 값 인상률   44
은행 이율의 비밀   49

04 로그   57
천문학자와 미생물학자의 계산법, 로그   60
로그로 예측하는 초고령사회의 추세   68

05　수열　73

등차수열, 등비수열로 보는 IQ테스트　76

대출금 상환액을 계산하는 방법　84

토끼번식과 코로나 슈퍼전파자의

피보나치 수열　86

06　삼각함수　93

봄 여름 가을 그리고 겨울의 주기성　96

라디오의 AM과 FM은 뭐가 다를까?　103

주식의 흐름과 프랙탈 도형　108

07　미분　117

자동차 계기판의 숫자, 미분　120

08　적분　131

피자의 넓이, 적분으로 구하기　134

마치며　143

알짜문제 정답　146

확률

- 로또 당첨의 확률은?
- 코로나19 확진자의 조건부 확률

오늘도 복권방에 들렀다. 일확천금이 아니면 인생역전이 불가능한 세상. 이번엔 로또 1등의 꿈같은 일이 이뤄지지 않을까?
2, 13, 15, 27, 31, 43 여섯 숫자가 적힌 복권을 들고 문득 1등을 할 확률이 궁금해진다.

로또 당첨의 확률은?

‘로또 한 번 맞아 봤으면….’ 누구나 꿈꾼다. 물론 확률이 낮은 일이다. 그래도 ‘혹시’ 하고 복권 방을 찾은 당신. 이제 그 확률을 알아 볼 시간이다. 로또의 1등 확률부터 시작해 보자.

로또 1등은 1부터 45까지의 자연수 가운데 순서를 따지지 않고 6개의 숫자를 맞추는 복권이다. 여기서 순서를 따지지 않는다는 말이 꽤 중요한데 만일 순서대로 맞춰야 한다고 생각해 보자. 그런 상황이라면 정말 왕짜증이다. 순서까지 맞추라면 웬만한 사람은 ‘말도 안 된다’고 로또 당첨을 포기할 테니 로또를 파는 입장에서는 희망을 좀 줘야겠지.

그래서 순서를 따지지 않는 쪽으로 확률을 정했다. 그럼 순서를 따지는 경우와, 따지지 않는 경우의 수를 잠깐 비교해 볼까?

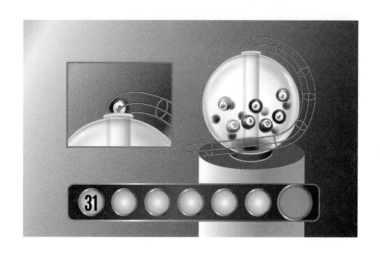

　예를 들어 2, 13, 15, 27, 31, 43 여섯 개의 수가 뽑히는 경우를 1등이라고 생각해 보자. 사실 이 여섯 숫자는 31, 2, 27, 15, 43, 13의 순서로 나왔을지도 모른다. 아니면 15, 31, 43, 13, 2, 27 순서였을지도. 또는 다른 순서로 나왔을 수도 있다. 아무튼 이 많은 경우를 통틀어 '로또 번호는 2, 13, 15, 27, 31, 43'이라고 발표하는 거다.

　그럼 과연 2, 13, 15, 27, 31, 43이라고 발표하는 이 여섯 개의 수를 31, 2, 27, 15, 43, 13이나 15, 31, 43, 13, 2, 27처럼 마음대로 나열하는 방법은 도대체 몇 가지가 될까? 답을 구하기 위해서는 여섯 개의 수를 이리저리 늘어놓기보다 빈자리 여섯 개를 만들어 놓고 여기에 수를 넣는 거라고 생각하는 편이 좋다.

빈 칸에 제일 먼저 채울 숫자를 생각해 보자. 2, 13, 15, 27, 31, 43 여섯 개의 숫자 중 뭐든 첫째 칸을 채울 수 있다. 다음의 빈칸은 그 숫자를 제외한 다섯 개 중 어느 하나, 그 다음은 그걸 제외한 네 개 중 하나, 다음은 세 개, 두 개, 마지막엔 남은 한 가지 수를 쓰게 될 테니 그 경우의 수는 $6 \times 5 \times 4 \times 3 \times 2 \times 1$만큼이다. $6 \times 5 \times 4 \times 3 \times 2 \times 1 = 720$이니 순서를 따지지 않는 로또는 순서를 따지는 경우에 비해 그나마 720배의 확률이 있는 거다.

이 이야기가 잘 이해되지 않는 독자는 다음 쪽 그림을 잘 관찰해 보자. 네모 여섯 개에 순서를 생각하면서 2, 13, 15, 27, 31, 43을 채우는 방법이다.

여기까지 경우의 수를 잘 이해했다면 이제 본격적인 로또의 원리를 차근차근 따져보자. 먼저 로또 추첨방송을 떠올리면서 그 순서대로 경우의 수를 알아본다.

자, 돌아가는 둥근 통 안에 1부터 45까지의 수가 적힌 공이 하나씩 들어 있다. 돌아가는 통 안에서 무작위 순서대로 6개의 공을 꺼낼 때, 나올 수 있는 모든 경우를 생각하면 자연스럽게 확률을 알게 된다.

앞에서 순서를 공부한 것과 비슷하게 다시 한 번 생각해 보자. 45개의 공 가운데 제일 먼저 사회자의 손에 올라가는 공이 있을 거다. 이건 45개의 공 중 하나이므로 45가지의 경우가 가능하다. 다음 두 번째는 첫 번째 나온 공을 제외한 44개의 공 중 하나이므로 44가지, 그 다음은 그것들을 제외한 43가지, 다음은 42가지, 41가지, 끝으로 여섯 번째는 남은 40개의 공 중 하나가 나올 거다.

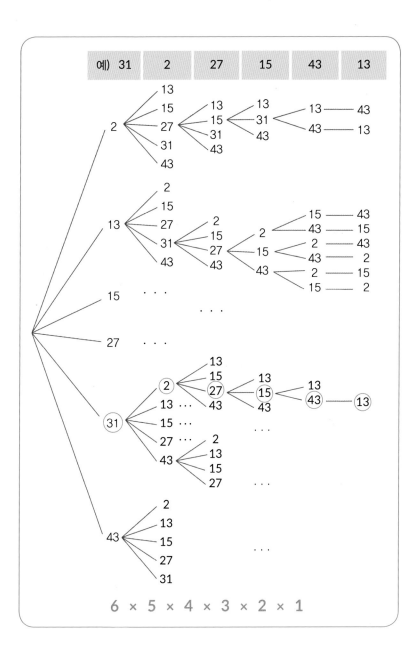

이를 계산하면 $45 \times 44 \times 43 \times 42 \times 41 \times 40$이 되는데 실로 어마어마한 값이다. 어마어마한 값이 얼마냐고? $45 \times 44 \times 43 \times 42 \times 41 \times 40 = 5,864,443,200$이다. 읽기도 벅차네. 58억 6,444만 3,200. 생각보다 크지 않다고? 이 경우 중 단 한 가지만 1등이라고 생각해 보라. 단연코 짜증나는 확률이다.

그런데 이 순간 하나의 희망이 보인다. 로또는 순서를 따지지 않는다고 했다. 58억 어쩌고의 경우는 1부터 45까지의 자연수 중 6개를 뽑되 순서를 생각해서 따진 경우의 수이다.

다시 잘 보자. 처음에 뽑히는 수가 45가지, 그 다음은 44가지, 다음은 43, 42, 41, 마지막엔 40가지까지 뽑을 수 있는 숫자의 경우가 있다. 그러나 순서는 뒤죽박죽일 거다. 앞의 사례로 예를 들면 43, 13, 27, 15, 31, 2로 나왔을 수 있다. 또는 27, 15, 43, 2, 31, 13 이렇게 나오거나, 또 다른 순서의 가능성도 있다. 위에서 지적한 내용처럼 여러 가지 가능성이 있는 수의 배열을 오직 한 가지의 경우로 발표하는데, 주어진 문제의 경우 2, 13, 15, 27, 31, 43으로 발표하는 거다.

결과적으로 로또에서 뽑히는 번호란, 실제로 뽑아내는 경우의 수와 비교해 보면 $6 \times 5 \times 4 \times 3 \times 2 \times 1 = 720$가지를 단 한 가지로 생각하게 되는 셈이다. 그래서 순서를 고려할 필요가 없을 때는 순서를 따지는 수만큼 나누는 거다. 58억 어쩌고 하는 것도 720으로 나눠야 로또의 경우가 된다.

$$\frac{45 \times 44 \times 43 \times 42 \times 41 \times 40}{6 \times 5 \times 4 \times 3 \times 2 \times 1} = \frac{5,864,443,200}{720} = 8,145,060$$

최종 계산은 814만 5,060. 결국 로또 1등의 확률은 814만 5,060분의 1이다.

이 정도의 확률이면 그런대로 해볼 만 하다고 생각할까? 판단은 물론 개인의 문제지만 어쨌든 많은 사람들이 끊임없이 도전하고 1등을 했다는 사연들이 적당히 나올 수 있는 이유도 이 정도의 확률이 보장되기 때문이다.

지금까지 로또를 가지고 수학적으로 구하는 경우의 수를 알아봤다. 대상을 뽑을 때 순서가 바뀌면 경우가 달라진다고 세는 문제를 순열, 순서를 따지지 않고(따지지 않는다는 건 순서가 정해져 있다는 말과도 통한다.) 뽑힌 경우만을 세는 문제를 조합이라고 한다. 아파트 동 대표를 2명 뽑는다고 할 때 '대표, 부대표' 이렇게 뽑으면 순열, 그냥 '둘 다 대표' 이렇게 뽑으면 조합이다.

한 마디로 순열은 단순히 뽑힌 경우(조합)에 순서를 주는 경우를 곱하면 되고, 반대로 조합은 순서를 따져서 뽑은 경우(순열)에 순서를 주는 경우로 나누면 된다.

45개의 숫자 중에서 6개를 뽑는 경우의 수는 $_{45}C_6$이라고 표시하고 조합(combination)이라 부른다. 이는 순서가 이미 정해져 있어서 따로 순서를 따질 필요가 없는 경우의 수이다.

$$_{45}C_6 = \frac{_{45}P_6}{6!} = \frac{45 \times 44 \times 43 \times 42 \times 41 \times 40}{6 \times 5 \times 4 \times 3 \times 2 \times 1}$$

이에 비해 순서를 따져 순서가 다르면 다른 경우로 취급하는 경우의 수를 순열(permutation)이라고 하며, $_{45}P_6$으로 표시한다.

$$_{45}P_6 = 45 \times 44 \times 43 \times 42 \times 41 \times 40$$

문제1

다음 경우의 수를 구해보자.

(1) 동창 모임에 정규회원 10명이 있다. 이들 중 회장 1명, 부회장 1명, 총무 1명을 뽑는 방법의 수는?

(2) 동창 모임 정규회원 10명 중 이번 달에 계를 탈 3명을 뽑는 방법의 수는?

물론 위의 문제들은 모두 임의로 선택할 때를 말한다. [문제1](2)의 경우 "지난달에 누구누구가 탔으니까 이번엔 누구누구가 타야 한다." 이런 식의 의도적인 사건은 우리가 공부하는 대상이 아닐 거라는 사실쯤은 누구나 인정할 줄로 믿는다.

이처럼 의도되지 않은 활동을 수학에서는 우연이라고 하고 이런 우연의 과정을 임의 추출이라고 하며 이런 경우만 확률의 대상으로 삼는 건 당연하다.

지금까지 로또의 확률을 구해봤다. 그리고 보니 우리는 처음부터 자연스럽게 확률이라는 말을 써왔다. 여기에도 나름 수학적 정의가 있을 터. 사실 확률은 위에서 써온 '경우의 수'라는 용어로 정의된다.

$$확률 = \frac{(어떤\ 사건이\ 일어나는\ 경우의\ 수)}{(일어날\ 수\ 있는\ 모든\ 경우의\ 수)}$$

로또의 경우 일어날 수 있는 모든 경우의 수는 814만 5,060가지이고 1등은 그중 단 한 가지의 경우이니 그 확률은 $\dfrac{1}{8,145,060}$이 되는 거다.

그럼 위의 문제 중에서 확률 문제로 이어지는 경우를 하나 알아볼까? 아무래도 돈이 걸려야 신경을 좀 쓸 것 같다.^^

[문제1](2)를 조금 변형해서 다음 문제를 보자.

문제2

동창 모임 정규회원 10명 중 이번 달 계를 탈 3명을 뽑을 때, 내가 포함될 확률을 구해보자.

흥미로운 문제다. 곗돈이 수천만 원 된다면 눈을 더 똑바로 뜨고 보게 될까?

우선 일어날 수 있는 모든 경우의 수는 [문제1](2)에서 구한 것처럼 $\dfrac{10 \times 9 \times 8}{3 \times 2 \times 1} = 120$ 가지이다.

문제는 내가 포함되는 경우인데 잘 생각해 보면 아주 단순하다. 나는 꼭 뽑혀야 하는 경우니까 나를 빼고 나머지 9명 중에서 2명을 임의로 뽑으면 될 것 아닌가? 그렇다면 아주 간단하다. 2명을 임의로 뽑는 경우의 수는 $\dfrac{9 \times 8}{2 \times 1} = 36$이므로, 결국 문제의 답은 $\dfrac{36}{120} = \dfrac{3}{10}$이다.

곰곰이 생각하면 10명 중 3명을 임의로 뽑을 때 내가 꼭 포함될 확률은 $\dfrac{3}{10}$ 정도라고 수긍이 될 거다.

코로나19 확진자의 조건부 확률

이제 조금 복잡한 확률에 도전해 보자. 사실은 복잡하다기보다 다소 복합적인 상황일 뿐이다.

전 세계를 공포로 몰아넣었던 '코로나19'에 대해 몇 가지 문제를 살펴볼까 한다.

신종 바이러스는 잊을만하면 한 번씩 나타난다. 특히 코로나19는 재앙에 속하기 때문에 온 세계의 언론이 각종 통계를 발표하면서 끊임없이 뉴스를 생산했다. 이런 상황에 뉴스를 접하는 일반인들은 뭘 어떻게 알아들어야 할지 불안하고 과연 통계치가 믿을만한지 궁금하다. 통계를 믿는다고 하더라도 수치가 갖고 있는 뜻에서부터 그 근거가 되는 확률이 뭔지 속 시원하게 알지 못하니 볼 때마다 답답하다.

자, 뉴스를 한 번 캐보자. 생명이 관련된 뉴스인 만큼 무엇보다도 새로운 확진자에 대한 관심이 가장 크다. 이에 관한 수많은 뉴스가 생산되면서 가짜뉴스들도 나돌았는데 그중 꼭 가짜라고만 할 수 없는 한 가지 통계의 비밀을 밝혀야 할 것 같다.

바로 바이러스 검사 결과, 양성인 환자의 판정에 대한 신뢰 문제다. 질병감염 여부를 판정하기 위해서는 각종 검사를 시행하며, 그중 진단 시약 반응검사를 하게 된다. 이 과정은 감염자를 특정하는 가장 중요한 과정 중 하나인데 검사 결과가 양성으로 확인되면 일단 감염자로 판정받는다.

그런데 '검사 결과가 음성이라고 판정된 사람의 경우 정말 100% 감염자가 아니라고 말할 수 있을까?' 또는 '검사 결과 양성이라고 판정된 사람의 경우 정말 100% 감염자라고 말할 수 있을까?' 하는 의문이 제기됐다. 물론 우리의 체계는 이중 삼중의 검사를 시행해 오류의 확률을 최소화하고 있으니, 그렇게 만만하지 않다. 또한 진단 시약의 결과만으로 환자를 특정하지는 않으니 보건 당국의 판단은 신뢰가 있다. 그러나 신이 아닌 이상, 사람이 하는 일이 완벽할 수는 없기 때문에 확률 이론상 빈틈은 얼마든지 있다.

여기서는 오직 진단 시약으로만 환자를 판정한다고 가정하고 확률의 위험성을 점검해 보자.

특정 바이러스가 어느 지역의 전역으로 퍼졌다고 하자. 지역 주민이 100만 명이고 모두 감염 가능성이 같으며 그 가능성은 10%이다. 시 당국에서 빠른 시간에 진단 시약을 개발했는데 그 정확도는 99%라고 할 때, '양성으로 판정된 사람이 100% 감염자라고 할 수 있을까?' 하는 문제다.

이 가정된 상황의 확률을 살펴보자. 진단시약의 정확도가 99% 라는 건 감염자를 양성으로, 비감염자를 음성으로 판정하는 비율이 99%라는 뜻이다. 99%는 매우 정밀해 보이지만, 감염자를 음성으로, 비감염자를 양성으로 판정하는 나머지 1%의 오류가 있다는 뜻이다. 1%의 오류가 결과에 어느 정도의 영향을 미칠까?

100만 명 중 감염율이 10%라고 했으니까 감염자는 10만 명이라고 할 수 있다. 모든 시민이 검사를 받는다고 할 때, 감염자 10만 명 중 1%인 1,000명은 음성으로 판정받게 되고 비감염자 90만 명 중 1%인 9,000명은 졸지에 양성자로 취급된다. 이게 오류 인원이다. 이렇게 되면 환자는 실제 감염자 10만 명보다 많은 10만 8,000명으로 발표될 거고 애꿎은 9,000명은 공연히 환자로 취급돼 불안에 시달려야 한다. 반대로 감염자이면서 음성으로 판정된 1,000명은 거리를 활보하게 된다.

우리는 보통 양성자를 감염자로 굳게 믿고 있으므로 이 경우 감염자의 비율을 10.8%로 발표하겠지만, 이 상황을 잘 분석해 보면 양성의 조건에서 감염자의 확률은 $\frac{99,000}{108,000} ≒ 91.7\%$ 이며 음성의 조건에서 감염자의 확률은 $\frac{1,000}{892,000} ≒ 0.1\%$ 가 될 것이다. 이걸 조건부 확률이라고 한다.

이 값이 별로 크게 느껴지지 않는 경우 수치를 조금 바꿔보자. 같은 가정에서 감염률만 10%에서 1%로 바꾸면 어떤 일이 일어날까? 100만 명 중 감염자는 1만 명이겠지. 시약의 정확도는 99% 이니 9,900명은 양성이 될 것이고 100명은 음성으로 나올 거다.

문제는 비감염자인데 비감염자 99만 명 중 1%인 9,900명이 양성 판정을 받고 졸지에 감염자 취급을 받게 되는 거다. 앞에서처럼 조건부 확률을 따져볼까? 양성의 조건에서 실제 감염자의 확률은 $\frac{9,900}{19,800} = 50\%$ 이며 음성의 조건에서 실제 감염자의 확률은 $\frac{100}{980,200} \fallingdotseq 0.01\%$ 이 될 거다. 이 결과를 보면, 놀랍게도 환자로 취급받는 양성자의 절반은 비감염자이고 본의 아니게 병원 신세를 지게 된다. 물론 음성에서의 감염자 비율은 줄어들었다.

이런 통계의 약점은 시약의 정확도에 따라 살펴볼 필요도 있다.
이번엔 진단 시약의 정확도를 조금 바꿔서 비교해 보자. 감염률은 맨 처음과 같이 10%라 하고 시약의 정확도를 95%로 낮춰 보자.
100만 명 중 감염자는 10만 명이고 90만 명이 비감염자다. 감염자 10만 명 중 95,000명이 양성 판정을 받을 거고 5,000명은 버젓이 음성으로 나올 거다. 비감염자의 경우 90만 명 중에서는 5%인 45,000명이 양성으로 판정될 거고 이 사람들은 진단 시약의 오류인원이다.
이 결과 양성 판정을 받아 감염환자로 취급되는 사람은 14만 명일 텐데 사실 이중 $\frac{1}{3}$ 정도는 비감염자이면서도 본의 아니게 환자 (감염자) 행세를 하게 되는 거다.

이상에서 살펴본 것처럼 어떤 전염병의 양성 판정 여부는 집단의 감염률과 시약의 정확도에 따라 큰 오차가 생길 수 있다. 혹자는 이 공부를 너무 열심히 해서 이 정도의 오차가 사실이라면 '진단 시약이 과연 가치가 있는 건가?' 하는 과도한 불신을 가질 수 있다. 그러나 위의 결과는 수학적으로 확률을 설명하기 위해 설정한 모델일 뿐 실제 확진 환자를 특정하는 과정은 시약검사를 포함한 많은 근거를 갖고 있다는 점을 분명히 해둔다.

또 이 조건부 확률의 모형을 소개할 때, 전체 시민을 조사한다는 부분에 주목해야 하는데 실제 상황에는 유증상자와 의심환자 정도로 진단 시약을 사용한다는 사실을 고려해야 한다. 따라서 비상시에는 당국의 조치에 적극적으로 따라야 한다.

가만, 그건 그렇고 위에서 적잖게 조건부 확률이라는 말을 썼는데 이게 과연 뭘까? 이제 조건부 확률에 대해서 알아보자. $P(B|A)$ 는 A인 조건에서 B의 확률을 말한다.

어드바이스

사건 A와 사건 B가 있다. A와 B가 동시에 일어나는 사건을 $A \cap B$로 나타내고 그 확률을 $P(A \cap B)$라고 한다.
$P(A \cap B) = P(A) \times P(B|A)$이다.
이때 $P(A \cap B) = P(A) \times P(B)$면그만이지 $P(B)$ 대신 $P(B|A)$ 는 뭘까?
사실 A와 B가 동시에 일어나는 사건의 확률 $P(A \cap B)$는 $P(A \cap B) = P(A) \times P(B)$이 될 때도 있다. 이런 경우 우리는 이 두 사건을 서로 독립이라고 하는데 A, B 두 사건이 서로 확률에 아무런 영향을 미치지 않는다는 뜻이다. 그러나 우리가 지금 살펴보고 있는 문제들처럼 세상일은 대부분 앞뒤 관계에 따라 서로 영향을 미칠 때가 많다.

$P(A)$를 감염자 확률이라고 하고 $P(B)$를 양성으로 판정하는 확률이라고 해 보자. A를 감염자, B를 양성자라고 했으니 $P(A \cap B)$는 감염자를 양성으로 올바르게 판단하는 확률이다. 이때 B는 과연 순수하게 B를 써도 될까? 순수하게 B, 다시 말해서 양성자 모두를 써서는 안되고 $B \mid A$ 곧, 감염자 중 양성인 경우만 적용해야 한다. 감염률 10%, 진단 성공률 99%인 문제에서

[감염자를 양성으로 판정하는 확률] $P(A \cap B) = \dfrac{10만}{100만} \times \dfrac{9만9천}{10만} = \dfrac{9만9천}{100만}$ (*1)

[양성으로 판정하는 감염자 확률] $P(B \cap A) = \dfrac{10만8천}{100만} \times \dfrac{9만9천}{10만8천} = \dfrac{9만9천}{100만}$ (*2)

$P(A \cap B)$와 $P(B \cap A)$는 당연히 같은 결과이므로 위 두 가지 표현은 그게 그거다. 식 (*1)과 (*2)는 결국 같지만 어떤 확률을 사전 확률로 삼느냐에 따라 다른 표현의 조건부 확률을 구한 거다. 이걸 베이즈 정리라고 하는데, 이는 많은 확률계산에 유용하게 이용된다.

$$P(A \cap B) \Longleftrightarrow P(A) \times P(B \mid A) = P(B) \times P(A \mid B)$$

(*2) 식에서 계산을 살짝 바꾸면

$$\dfrac{10만8천}{100만} \times \dfrac{9만9천}{10만8천} = \dfrac{9만9천}{100만} \Rightarrow \dfrac{9만9천}{10만8천} = \dfrac{9만9천}{100만} \div \dfrac{10만8천}{100만}$$ 이 되며

이는 $P(A \mid B) = \dfrac{P(A \cap B)}{P(B)}$ 를 나타내는 셈인데, 곧 조건부 확률의 정의이다.

이게 바로 양성자 중 감염자의 확률이며, 이는 우리가 처음에 알아보았던 '양성자라고 다 감염자는 아니다.'라는 사실을 보여준다.

10개의 제비 중 제비뽑기로 당첨제비가 나오면 금 한 돈을 선물하는 이벤트를 한다. 처음 당첨제비가 나올 때까지 계속 하되 나오는 순간 게임이 끝난다면 갑, 을, 병 세 사람이 차례로 한 번씩 돌아가면서 제비뽑기를 할 때 누가 유리할까? (단, 꺼낸 제비는 다시 집어넣지 않는다.)

(1) 당첨 제비가 1개인 경우

(2) 당첨 제비가 2개인 경우

(3) 당첨 제비가 3개인 경우

여기서 흥미로운 결과를 발견할 수 있다. 당첨제비가 처음 나오는 순간 끝나는 게임으로 설계한 경우, 먼저 뽑는 사람의 당첨확률이 높고 뒤로 갈수록 확률이 낮아진다. 이유는 나중 뽑는 사람의 기회가 줄어들고 뒤로 갈수록 조건부 확률이 낮아지기 때문이다. 그러니 이런 경우는 체면이고 뭐고 제쳐두고 무조건 먼저 뽑으려고 달려들어야 한다.

그러나 먼저 뽑는 사람의 당첨 여부와 관계없이 갑, 을, 병 모두에게 한 번씩만 뽑는 기회를 준다면 처음 뽑거나 나중 뽑거나 확률이 모두 같게 된다. 이건 앞 사람이 당첨제비를 뽑을 때와 그렇지 않을 때의 조건부 확률을 합해 다음 사람의 당첨확률을 계산하게 되기 때문이다. 그러니 이럴 때는 우아하게 앉아서 차례를 기다리는 품위를 지켜도 좋다.

이제 가끔 확률적으로 살아보자. 상금을 타는 일이나 손해를 보는 일이나, 자연현상이나 사회현상이나 잘 따져보면 대부분 확률에 근거한 결과가 나오기 마련이다. 그러니 너무 자신의 운명에 실망하거나 자만하지 말아야 할 것이다.^^

기출문제 · 2017수능

두 사건 A, B에 대하여 $P(A \cap B) = \dfrac{1}{8}$, $P(A \cap B^c) = \dfrac{3}{16}$ 일 때, $P(A)$의 값을 구하시오. (B^c는 B의 여사건, 곧 B가 일어나지 않는 사건을 말한다.)

풀이

$$P(A) = P(A \cap B) + P(A \cap B^c) = \dfrac{1}{8} + \dfrac{3}{16} = \dfrac{5}{16}$$

알짜문제

진구와 영미는 부부이다. 진구와 영미를 포함하여 6명이 일렬로 서서 사진을 찍을 때, 다음 조건에 따른 경우의 수를 구하시오.

(1) 진구와 영미가 이웃하여 찍히는 경우의 수

(2) 진구가 영미의 왼쪽에 찍히는 경우의 수

통계

· 선거 여론조사의 지지도 해석방법
· 시험의 표준점수는 어떻게 구할까?

선거철이 되면 정치인들은 저마다 자기가 선택받아야 하고 꼭 당선될 거라 큰소리친다. '웃기고들 있네.' 하고 비웃으면서도 은근히 여론조사 뉴스를 보게 되는데 이건 또 뭘까? '응답률'이 어쩌고 '신뢰수준', '표본오차'가 어떻다느니 알 듯 말 듯 한 용어로 사람 기를 죽인다. 도대체 이게 다 무슨 소린지.

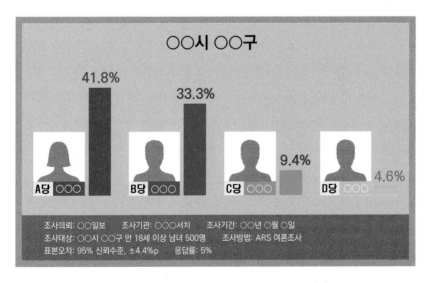

선거 방송 TV 뉴스

선거 여론조사의 지지도 해석방법

다음은 선거 관련 기사의 내용이다.

"A당 ○○○, B당 ○○○, C당 ○○○이 3자 대결을 벌일 경우, A당 ○○○ 의원이 41.8%를 얻어, 33.3%를 얻은 B당 ○○○ 의원을 오차범위 내(±4.4%p)에서 앞서는 것으로 드러났다. C당 ○○○은 9.4%에 그쳤으며, 기타 인물 4.6%, 없음과 잘 모름은 각각 6.4%와 3.4%였다.

이번 조사는 ○○○의 의뢰로 ○○○가 20○○년 ○월 ○○일부터 ○○일까지 양일간, ○○도 ○○시 선거구 거주 만 18세 이상 남녀를 대상으로 ARS 여론조사(통신사 제공 휴대전화 가상번호 100% 방식, 성, 연령, 지역별 비례할당 무작위 추출)를 실시한 결과이며, 표본 수는 500명(총 접촉성공 사례 수 10,000명, 응답률 5%), 표본오차는 95% 신뢰수준에 ±4.4%p이다. 그 밖의 사항은 중앙선거여론조사심의위원회 홈페이지 참조." 출처: ○○일보(http://www.○○.com)

내가 지지하는 후보가 A당 의원인데 41.8%를 얻었으니 33.3%를 받은 B당 의원에 견주어 8.5%p 앞서는 건 분명하다. 그렇다면 당선 가능성이 어느 정도일까? 신뢰수준 95%라는 말이 나오는 걸 보면 100% 당선을 보장한다는 건 아닌데. 100번 중 95번은 이길 수 있다는 말로 해석해 본다.

그건 그렇다 치고 표본오차가 ±4.4%p라는 건 무슨 뜻일까? A당 의원이 100번 조사하면 그중 95번 정도 41.8%±4.4%p=37.4%~46.2%의 지지를 얻는 거라는 생각이 든다. B당 의원은 100번 중 95번 33.3%±4.4%p=28.9%~37.7%의 지지를 얻을 거다.

'아하, 그러니까 37.4%~37.7% 사이의 경우, 두 사람이 역전 당할 수 있겠구나.' 그럴 듯하게 생각했다.

그렇다면 믿을 만한 확률이 95% 정도로, 지지율 범위 37.4%~37.7%에서 역전 당할 수 있다는 뜻이겠거니 생각하고 조사 결과를 잘 해석했다며 만족할 수 있다. 대충 그렇게 생각해도 결과를 예측하는 데는 일리가 있다.

그러나 신뢰수준과 표본오차의 정확한 뜻은 이런 생각과는 전혀 다르다. 우리는 위에서 A당 의원에 대한 조사당시의 지지도를 41.8%±4.4%p=37.4%~46.2%로 예측해 봤는데 '전체 유권자 수십만 명의 지지도가 과연 그런 값일까?'라는 의문이 든다면 문제의 해결에 가까이 접근하게 된 셈이다.

무슨 말인고 하면 유권자 중에서 500명을 뽑아 여론조사를 할 때는 수십만 명 전체 유권자의 지지율을 어떤 특정한 값으로 구하려는 거지 막연하게 범위로 구하려는 게 아니다. '플러스 마이너스 얼마' 하는 범위는 전체 조사를 진행하지 못하고 샘플 조사를 했으니 어쩔 수 없이 우리가 표현하는 값일 뿐 사실은 가능하다면 수십만 명 전체 유권자의 지지도를 정확한 값으로 알고 싶은 거다.

다시 말하면 이 여론조사를 실시하는 순간에도 수십만 명 전체 유권자의 지지도는 분명히 하나의 값으로 존재하고 있고, 어떤 범위로 존재하는 게 아니다.

그 전체 유권자의 지지도를 조사할 수 없기 때문에 그중 500명을 뽑아서 조사했으니 당연히 오차가 있기는 하지만 41.8%± 4.4%p=37.4%~46.2%라는 범위가 전체 유권자의 지지도 범위는 아니다. 이 범위는 단지 전체 유권자의 실제 지지도를 품을 수도 있고 실제 지지도와 동떨어졌을 수도 있는 하나의 범위일 뿐이다. 신뢰도가 95%라는 의미는 이 범위가 유권자의 실제 지지도를 포함할 가능성이 95%라는 말이다.

결론적으로 전체 유권자 수십만 명의 진짜 지지도(모비율)는 엄연히 있는데, 그 중 표본을 뽑아서 하는 이런 조사를 100번 한다고 치면 95번 정도는 수십만 명의 진짜 지지도(모비율)를 포함하고 5번 정도는 진짜 지지도를 포함하지 않게 된다는 뜻이다.

전체 수십만 명의 지지도는 정해져 있고 조사할 때마다 약간의 범위가 달라질 수도 있다는 사실을 생각하면 더욱 정확히 이해할 수 있을 거다.

그래도 알 듯 말 듯 하면 그냥 '100번 중 5번쯤 틀릴 수도 있겠구나.' 이렇게 속 편하게 생각해도 누가 뭐라할 수는 없다.

어드바이스

통계는 가장 널리 쓰이는 분포인 정규분포를 바탕으로 이해하는 데 이견이 없다. 아래 종 모양의 분포가 정규분포이며 자연현상이나 사회현상의 분포를 가장 널리 반영한다.

정가운데 대칭의 중심이 평균값이고 이 부근에 많은 통계값이 분포하고 있으며 양끝으로 갈수록 급격하게 분포값이 감소함을 볼 수 있다. 이런 분포 덕분에 우리는 극단적인 상황이 닥치는 경우를 별로 걱정하지 않고 살아갈 수 있고 확률 낮은 일이 일어나면 이변이라고 부르는 것이다.

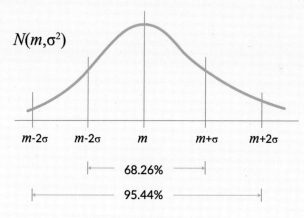

$N(m, \sigma^2)$

정규분포 평균 분산

시험의 표준점수는 어떻게 구할까?

수능시험이나 모의고사를 치르고 나면 통지표에 등급*(석차 비율에 따라 1~9등급까지 구분)*과 함께 표준점수라는 게 표시되는데, 많은 대학에서 이 점수를 반영해 전형을 실시한다.

이건 어떻게 구할까? 영어와 한국사는 절대평가로 등급만 표시될 뿐이고 국어와 수학, 탐구 과목에 표준점수가 표시되니 국어를 예로 들어보자.

아들이 1교시 국어시간에 82점을 맞았다. 100점 만점에 82점이면 괜찮은 점수 같기는 하지만 엄마는 안심이 되지 않는다. 시험이 어려웠다면 상대적으로 우수한 점수겠으나 쉬운 시험이었다면 남들도 다 잘 보지 않았을까 하는 조바심 때문이다. 그래서 "아들 수고 많았어."라면서 등을 도닥여 놓고는 혼자 속앓이를 한다. 이때 눈치 있는 엄마는 인터넷에 재빨리 접속해 가채점 결과를 검색함으로써 몇몇 입시기관에서 제공한 등급을 알아볼 수 있다. 1등급, 2등급, 3등급…. 고기등급도 아니고 이게 뭔가. 쯧쯧.

그나저나 어딜 봐도 아직 표준점수는 나오지 않았다.

표준점수는 평균과 표준편차를 먼저 알아야 구할 수 있다. 평균은 집단의 대푯값으로서 모든 수험생 점수를 전부 더한 합계를 전체 인원으로 나눈 값이다. 이쯤은 누구나 구할 수 있다.

한편 분산(분산을 제곱근하면 표준편차)은 흩어져 있는 정도라는 뜻의 산포도 중 하나인데 편차 제곱의 평균으로 구한다. '편차 제곱의 평균?' 이게 대체 뭔가?

'편차 제곱의 평균'이란 수험생 각각의 점수와 평균의 차이를 일일이 구해서 그 값을 제곱해 모두 더한 후 전체 인원으로 나눈 값을 말한다. 이 계산은 통계를 공부하다보면 반드시 구해야 하고 또 쉽게 구할 수 있는 값이다. 이 표준편차(분산)는 평균을 중심으로 전체 수험생이 얼마나 폭넓게 분포하고 있는지 알아볼 수 있게 해 주는 값이다.

아들이 치른 국어 시험의 평균이 60점이고 표준편차가 22점이라고 해 보자. 평균이 60점이라는 순간 82점이면 상당히 잘 했다고 느꼈을지 모르지만, 표준편차가 22점이라는 사실은 적지 않은 실망감을 가져다 줄 수 있다. 아들은 모든 수험생의 평균 점수 보다 22점이나 앞섰다. 82-60=22, 소위 편차가 22점이다. 그러나 이 편차는 큰 걸까 작은 걸까? 이때 등장하는 값이 바로 표준편차다.

표준편차가 22점이라면 아들의 편차는 표준편차의 1배에 불과하다. 표준편차가 11점이었다면 아들의 편차는 표준편차의 2배가 될 텐데…. 우리는 이 값을 z값이라고 부르며, 이는 상대적인 점수를 나타내는 아주 중요한 값이다. $z = \dfrac{\text{자기 점수} - \text{평균}}{\text{표준편차}}$ 이다.

아들의 z값 $z = \dfrac{82-60}{22} = 1$,

표준편차가 11일 때의 z값 $z = \dfrac{82-60}{11} = 2$.

z값이 1인 것과 2인 것은 천양지차다. 아래 그래프를 보면 표준점수가 1일 때 그보다 잘 한 비율이 15.87%이지만 표준점수가 2라면 그보다 잘한 비율이 2.28%에 불과하다.

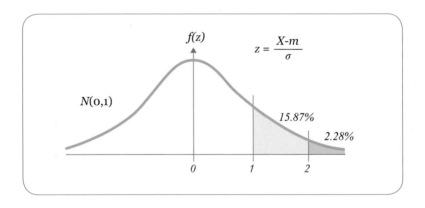

z값이 1이어도 잘한 축에는 속하지만 3등급에 머문다. 반면 z값이 2라면 1등급에 속하는 건 물론이고 그 중에서도 상위 2.28%이므로 최우수 구간에 속한다.

어쨌든 아들의 z값은 1이다. 이제 이 값을 점수처럼 꾸밀 필요가 있는데 이 z값에다가 20점을 곱하고 100점을 더하면 된다. (과학, 사회 선택과목의 경우 10점을 곱하고 50점을 더한다.) 이렇게 해서 나오는 점수는 120점, 이걸 표준점수라고 부르는데 제법 그럴듯한 점수가 됐다.

사실 마지막 꾸미는 작업은 아주 단순하다. 우리가 통지표에서 보게 되는 표준점수는 위에서 살펴본 내용처럼 z값을 가공한 것에 불과하며 실제의 상대적인 점수는 z값에서 이미 결정된 거다.

어드바이스

통계 값을 구하는 문제에서 그 대상이 되는 집단은 얼마든지 다양한 구성이 가능하며 사실 어떤 집단의 분포든 시행에 따라 모두 독자적인 형태를 갖고 있다. 그러나 수많은 분포들도 통계학자들의 수고로 몇몇 대표적인 분포로 분류될 수 있고, 특히 고등학교 과정에서는 이산분포인 이항분포와 연속분포인 정규분포로 대부분 수렴돼 설명된다. 더구나 이항분포마저도 집단이 일정 수준 이상 크기만 하면 정규분포로 근사시켜 계산하므로, 사실은 위에서 설명한 z값을 구하는 표준화 작업만 잘 하면 통계 문제를 무리 없이 풀어낼 수 있다.

기출문제 · 2018수능

어느 공장에서 생산하는 화장품 한 개의 내용량은 평균이 201.5g이고 표준편차가 1.8g인 정규분포를 따른다고 한다. 이 공장에서 생산한 화장품 중 임의추출한 9개의 화장품 내용량의 표본평균이 200g 이상일 확률을 구하시오. (단, $P(0 \leq z \leq 2.5) = 0.4938$로 계산한다.)

풀이

$\overline{X}$는 정규분포 $N\left(201.5, \dfrac{1.8^2}{9}\right)$, 즉 $N(201.5, 0.6^2)$을 따른다.

$$P(\overline{X} \geq 200) = P\left(Z \geq \frac{200 - 201.5}{0.6}\right) = P(Z \geq -2.5) = 0.5 + 0.4938 = 0.9938$$

알짜문제

어느 회사에서 입사지원자 1,000명을 대상으로 시험을 치러 60명을 뽑았다. 필기시험의 평균이 220점이고 표준편차가 40점인 정규분포를 따른다고 할 때 합격자의 커트라인을 구하시오. (단, $P(0 \leq z \leq 1.55) = 0.44$로 계산한다.)

지수

III

- 지수로 보는 아파트 값 인상률
- 은행 이율의 비밀

눈만 뜨면 천정부지로 치솟는 아파트 값에 사람들은 자괴감을 느낀다고 한다. 몇 년 사이에 두세 배가 오르면 어떡하라는 걸까? 하지만 더 이해할 수 없는 건 인상률이다. 주간 인상률이 0.3%라고 하면서 가파른 오름세를 걱정하는 TV 뉴스를 보면 실감이 나지 않는다. 실거래가 인상과의 차이가 크다고 생각하곤 한다. 과연 0.3%의 인상이 실제로 두세 배 가격을 올리는 기간은 대체 얼마나 될까?

지수로 보는 아파트 값 인상률

0.3% 인상이라고 하면 아주 작다고 느낄 수 있다. 1억을 기준으로 해 볼까? 0.3%면 30만 원이다. 1주일 새 30만 원 인상이라. 그럼 1년이면 52주이므로 1,560만 원, 용서할 수 있는 정도의 인상이다. 5년이면 7,800만 원, 5년 후에 78% 인상되니 결국 원금에 대해 1.78배가 되는 셈이다. 흐음, 그렇다면 1억 짜리가 2억이 되려면 아마 7~8년쯤 걸리겠군.

어라, 생각보다 대단한 건 아닌데. 7~8년 만에 2배가 된다면 그럭저럭 적당한 상승률이라고 인정할 수 있겠다. 그런데 이렇게 순진하게 생각하고 있다간 뜻밖에 뒤통수를 맞을 수 있으니 정신을 바짝 차려야 한다.

위에서처럼 순진하게 따박따박 더해가는 인상률을 우리는 단리 계산(산술적 증가)이라고 한다. 단리는 말 그대로 단순한 이자 계산 방식을 말한다. 기간에 따라 매번 같은 이자를 지급하는 방식이다.

5년은 260주이므로 인상률은 (1+0.003×260=1.78), 5년 만에 1.78배이다. 생각하기에 따라 이것도 결코 작은 건 아니지만.

이제 우리가 염려하는 아파트 가격 인상률을 생각해 보자. 복리 계산(*기하적 증가*)을 적용해 주간 인상률이 0.3%로 5년간 유지된다면, 5년(*260주*)의 인상률은 $(1+0.003)^{260}=1.003^{260}≒2.19$, 약 2.19배가 된다.

1억 원이 2억 1천 9백만 원이 되는 셈이다. 불과 5년 만에 두 배가 훌쩍 넘는 상승률을 보인다. 단리로 따져서 7~8년이 되면 두 배가 될 거라고 짐작했던 아파트 값이 이미 5년 후에 달성되고, 7~8년 만에 2.98배~3.48배, 거의 3.5배에 육박하게 된다.

이게 더욱 큰 수치이긴 하지만 산술적 증가와 기하적 증가의 큰 차이를 발견하지 못했다는 독자를 위해 밑의 값을 좀 크게 설정해서 지수의 위대함을 보일 거다.

1.003^{260}처럼 생긴 수치를 지수(*또는 지수값*)라고 부르는데 여기서 260처럼 작은 숫자로 쓰는 부분은 지수라고 부르고, 1.003 같이 밑에 크게 쓴 건 말 그대로 밑이라 칭한다. 그리고 이는 밑을 지수에 써있는 수만큼 곱한다는 뜻이다.

$$a^n = \underbrace{a \times a \times \cdots \times a}_{a가\ n개}$$

자, 이제 이 밑을 조금 더 큰 수로 지정해, 멋진 예를 들어 보자.

페르시아의 어느 장군이 전쟁에서 이기고 돌아오자 왕이 소원을 말해보라고 했다. 이에 장군은 쌀 한 톨을 체스판의 처음 네모 칸에 올려놓고는 체스판의 네모 칸 64개를 하루에 한 칸씩 세면서,

64칸을 다 셀 때까지 매일 전 날의 두 배씩 쌀을 모아달라고 주문했다. 이에 '그까짓 것쯤이야.'라고 생각하고는 흔쾌히 소원을 수락한 왕은 체스 판을 다 세기 전에 온 나라의 쌀을 다 바치고도 모자라 장군에게 완전히 손들고 말았다. 이 옛날이야기를 어디서 한 번쯤 들어봤을지 모르겠다.

이런 걸 지수의 위력이라고 할 수 있다. *(혹시 아직도 이 말이 믿기지 않아 2^{63}[64일째 쌀알]이나 $2^{64}-1$[64일째까지 합]을 세고 있는 독자들은 이런 사기의 피해자가 될 수 있으니 특히 조심해야 한다.)* 아울러 처음에 장군이 쌀알을 2개 놓았다면 64일째는 2^{64}개가 되고, 4개 놓았다면 2^{65}이나 되니 기하급수란 말은 바로 이런 뜻을 나타낸다.

처음에 장군이 쌀알을 2개 놓은 경우 x일째 놓게 되는 쌀알의 양을 수식으로 쓰면 2^x가 되고, 이 변화를 나타내는 함수를 지수함수라고 하며 $y=2^x$라는 식으로 쓴다. 잘 보라. $x=1$이면 $y=2^1=2$, $x=2$이면 $y=2^2=4$이고, $x=10$이면 $y=2^{10}=1{,}024$가 될 거다.

그렇다면 64일째, $x=64$이면 $y=2^{64}=18{,}446{,}744{,}073{,}709{,}552{,}000$이 된다. 이건 도대체 뭔가? 값이 너무 커서 쓰지 않으려고 했는데 그 크기를 느껴보자는 뜻에서 한 번 써 봤다. 읽기도 어려우니 그냥 2^{64}라고 하는 게 낫겠지만 이 엄청나게 커 보이는 수를 한 번 읽어볼까? 1,844경 6,744조 737억 955만 2,000. 우리가 어디서 들어봤던 '경'이라는 단위를 써봤음에 만족하고 정신건강을 위해서 이정도로 그치자. ^^

결국 지수는 이런 거다. 따블에 따따블. 오래 전 풍경이지만 택시를 잡기 어려웠던 시절, 요금을 두 배, 심지어는 두 배의 두 배(*따따블*)로 주겠다고 손가락을 펴 보이며 택시를 잡던 때가 있었다. 두 배도 큰데 두 배의 두 배면 뭐야? 결국 4배가 되는 거다. 혹시 따따따블 해볼까? 8배가 되겠군. 이렇게 거듭제곱에 또 제곱이 돼가는 크기를 지수라고 한다. 이렇게 무서운 게 지수이니 앞으로는 함부로 '따블에 따따블' 손가락을 펴 보이며 부리는 위험한 호기는 삼가도록 하자.

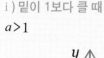

어드바이스

지수 함수 $y=a^x$의 그래프는 다음과 같이 나눠 그릴 수 있다.
$y=a^x$ 값은 ⅰ)처럼 엄청 커지기도 하지만 반대로 ⅱ)처럼 급히 작아지면서 0에 가깝게 바닥을 기는 경우도 있다.
밑 a 값이 1보다 크냐 작냐에 따른 결과인데 1보다 클 경우 곱할수록 무지하게 커지고, 1보다 작을 경우 곱할수록 점점 작아지는 현상을 살펴보면 어렵지 않게 이해할 수 있다.
그리고 밑이 클수록 당연히 그 증감의 속도는 빨라진다.

ⅰ) 밑이 1보다 클 때
$a>1$

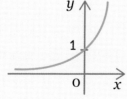

ⅱ) 밑이 1보다 작을 때
$0<a<1$

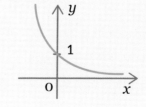

$$y=a^x$$

4년 동안 1억 원을 정기예금하기로 했다. 금리는 연 4%이고 진구와 영진이 각각 다음과 같은 조건으로 예금했을 때 원리합계는 각각 얼마일까 구해보자.

(1) 진구는 6개월마다 단리법으로 계산한다.

(2) 영진이는 6개월마다 복리법으로 계산한다.

우선 두 친구 모두 8번 이자 계산을 한다. 6개월은 반년이니 이자는 연 이자를 반으로 적용해야 한다. 만일 분기별로 이자를 지급한다면 이율은 $\frac{1}{4}$이 될 것이고 월 이자라고 한다면 이율을 $\frac{1}{12}$로 적용해야 한다. 1년의 이자가 0.04이므로 여기서는 6개월 이자 0.02를 8번 적용하기로 한다.

진구는 단리법으로 계산해 S=1억+1억×0.02×8=1억×(1+0.02×8)=1억 1,600만 원, 영진이는 복리법으로 계산해 S=1억×$(1+0.02)^8$≒1억 1,800만 원.

진구는 1억 1,600만 원을 받았고 영진이는 1억 1,800만 원을 받았다. 여기서 보듯이 진구는 이자 계산을 6개월로 적용하나 1년으로 적용하나 차이가 전혀 없다. 연이율을 기간에 따라 나눠 적용하기 때문이다. 반면 영진의 경우는 이율을 나눠 적용하더라도 횟수를 많이 적용할수록 원리합계 값이 일정 범위에서 기하급수적으로 커질 수 있다.

여기서 예로 든 문제는 4년, 즉 8회의 이자 계산에 그치므로 그 위력을 실감하기 어렵지만 기간이 10년~20년 된다면 그 이자가 따블에 따따블, 나아가 거기에 또 따따따블로 증가하게 되고 진구의 단리법 이자와 영진이의 복리법 이자의 차이는 엄청나게 커질 것이다.

그러나 그 차이가 무한정이라고 할 수는 없다.

은행 이율의 비밀

　지수가 이렇게 무지무지하게 커진다는 사실은 위력적이고 흥미롭다. 아파트 값의 인상률 문제나 예금의 복리 이자 문제가 똑같이 지수 문제에 해당하는 걸 알게 되면서, 인상률을 단순증가로 따지던 순진한 계산을 벗어날 수 있었다.

　그런데 예금의 이자 문제에서 기하급수적으로 커진다는 말 앞에 '일정 범위'라는 단서가 붙었음과 '그 차이가 무한정이라고 할 수는 없다.'라는 제한이 뭔가 께름직하다. 이런 제한에 뭔가 꿍꿍이가 있나?^^ 이 차이를 눈치챘다면 정말 굉장한 발견을 한 셈인데 위에서 공부한 아파트 값의 인상률과 영진의 예금을 잘 비교해 보자.

　주간 인상률이 0.3%로 5년간 유지된 아파트의 5년(260주)의 인상률은 $(1+0.003)^{260}$이라고 했다.

6개월 이율이 2%(연4%)로 4년간 예금한 영진이의 4년 후 예금의 증가율은 $(1+0.02)^8$로 계산됐다. 둘 다 기간이 늘어날수록 값이 어마어마하게 증가하고 단리법과 비교해서 차이가 점점 커지는 건 분명하다. 어라, 그렇다면 큰 차이가 없어 보이는데.

그런데 여기서 주의 깊게 살펴볼 부분이 있다. 바로 기본인상률이다. 아파트 값의 총인상률을 $(1+a)^n$이라고 하면 위의 문제에서 기본인상률은 $a=0.003$이고 기간은 $n=260$이라고 할 수 있다. 예금 문제의 총인상률은 $(1+x)^n$이라고 할 수 있고 기본인상률을 $x=0.02$라고 하면 기간은 $n=8$이라고 하면 되겠다.

그게 그거 같은데 뭐가 다를까? 바로 아파트 값의 기본 인상률은 a, 예금의 기본 금리는 x라고 표현한 점이다. 왜 그랬을까? 바로 이게 핵심이다.

$a=0.003$은 기간 $n=260$의 영향을 받지 않는다. $n=260$이든지 $n=520$이든지 관계없이 $a=0.003$이다. 반면 $x=0.02$는 기간 $n=8$에 절대적인 영향을 받는다. $n=8$이니까 $x=0.02$인 거지 $n=16$이면 $x=0.01$을 적용해야 하는 것이다.

학창시절 기억을 살려보면 수학에서 쓰는 값을 나타낼 때, 상수니 변수니 하는 소릴 들어봤을 텐데, 무심코 지나쳤을지 모르지만 수학공부를 할 때 이 개념은 매우 중요하다. 일정한 값으로 고정된 값인 상수는 말 그대로 어떤 정해진 하나의 값을 대신한다. 그러나 변수의 경우는 어떤 관계에 따라 다른 값과 상호작용을 하는 변화의 값이다. 위에서 아파트값의 기본 인상률 a는 상수이고 예금의 기본 금리 x는 변수이다. 그러므로 아파트 값의 총인상률을 $(1+a)^n$, 예금 문제 원리합계의 총인상률을 $(1+x)^n$라고 조금 다르게 표시한 거다.

아파트 값의 총인상률 $(1+a)^n$에서 a와 n은 서로 어떤 의존관계가 없으므로 그대로 $(1+a)^n$로 나타낼 수 밖에 없는 반면, 예금문제의 총인상률 $(1+x)^n$에서 n과 x는 서로 반비례 성격이 분명하다. n이 커지면 x는 줄어들고 n이 작아지면 x는 커진다. 여기서는 4년을 예금하는 문제로 했는데 이 문제를 단순화해서 $(1+\dfrac{0.04}{n})^{4n}$으로 표시할 수 있을 거다.

1년을 단위로 문제를 생각하면서 기본금리를 1(=100%)라고 가정하면 이자 계산 횟수 n과 이율 x 사이에는 $n=\dfrac{1}{x}$의 관계가 성립한다. 그래서 흔히 예금문제의 총인상률은 $(1+\dfrac{1}{x})^x$로 표현하게 된다.

어드바이스

함수 $y=(1+\dfrac{1}{x})^x$의 그래프는 위에서 본 $y=a^x$의 그래프와는 사뭇 다르다. 밑이 $(1+\dfrac{1}{x})$이므로 어쨌든 1보다 크니까 $y=a^x$에서 $a>1$인 경우를 생각할 수 있을 텐데 $a=(1+\dfrac{1}{x})$라고 볼 때, x가 커질수록 a의 값은 점점 1에 아주 가깝게 된다.

지수가 커지니까 무한히 커지고 싶은데 그럴수록 또 밑은 1에 가까워지니 $(1+\dfrac{1}{x})^x$ 값은 이러지도 저러지도 못한다. 과연 어떻게 될까? $\lim\limits_{x\to\infty}(1+\dfrac{1}{x})^x$을 계산해보면 운명을 알 수 있다. $\lim\limits_{x\to\infty}$는 x가 한없이 커진다는 뜻인데 $\lim\limits_{x\to\infty}$를 취한 이 값은 뜻밖에도 3을 넘지 못하는 값으로 순환하지 않으면서 끝을 알 수 없는 소수가 되는 걸 확인할 수 있었다. $\lim\limits_{x\to\infty}(1+\dfrac{1}{x})^x=2.71828\cdots$

이 값을 보통 e로 대신 쓰는데 생전 처음 이런 소릴 들었더라도 상관없다. 수학을 꽤 한다 하는 사람들이나 쓰는 값이기 때문이다. (물론 한다 하는 사람들에겐 이 오일러 수가 매우 중요하다.)

여기까지 공부했으면 웬만한 자녀들이 깜짝 놀랄 수 있으니 이 정도로 아쉬움을 달래자. 그래도 굳이 어렵게 공부한 e값을 어디 적용할 데가 없을까 찾아본다면 은행 등 금융권에서 예금, 대출 등을 권유할 때 하는 자랑을 떠올려 보면 된다. 하루 이자까지 복리를 계산한다는 은행의 자신감에는 이유가 있다. 아무리 쪼개서 이자를 줘도 원리합계가 절대로 무한히 커지는 일이 없으며, 연이율이 100%에 못미치는 한 그 한계는 _e=2.71828_…이기 때문이다.

함수 $y = (1 + \frac{1}{x})^x$의 그래프

$$y = (1 + \frac{1}{x})^x \, (x > 0)$$

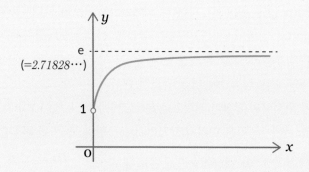

거듭제곱을 기본으로 단위를 표현하는 방법을 알아보자.

흔히 1,000배(10^3배)가 될 때마다 새로운 단위를 붙인다.

어느 기본단위에 10^3배면 킬로: K, 10^6배면 메가: M, 10^9배면 기가: G, 10^{12}배면 테라: T 하는 식이다. 1m의 1,000배인 1Km, 1g의 1,000배인 1Kg 등의 단위는 흔히 쓰니 무슨 말인지 쉽게 알 거다. '메가톤급 블록버스터' 할 때의 메가는 10^6이니 백만 톤 정도로 엄청나게 크다는 은유적 표현이다. 테라 다음에도 페타: P, 엑사: E, 제타: Z 등으로 커지는데 테라 이후는 잘 들어보지 못했다.

'기가'니 '테라'니 하는 말은 최근 인터넷 광고에서 자주 나오기도 하는데 처리속도가 각각 10^9바이트, 10^{12}바이트란 뜻이다.

컴퓨터에서는 정보처리를 0과 1을 기본으로 하는 2진수 체계로 한다. 2^{10}=1,024인데 1,024를 약 1,000(=10^3)으로 간주해 정보처리 수준이 한 단계 올라설 때마다 처리 능력이 그만큼 빨라졌다고 단위를 올리며 자랑하는 거다.

반대로 $\dfrac{1}{1000}$ 배(10^{-3}배)가 될 때마다 새로운 단위를 붙여서 작은 수를 나타내기도 한다.

어느 기본단위에 10^{-3}배면 밀리: m, 10^{-6}배면 마이크로: μ, 10^{-9}배면 나노: n, 10^{-12}배면 피코: p 하는 식이다. 1mm는 1m의 $\dfrac{1}{1000}$ 배라는 것쯤은 누구나 알고 있을 거다. 나노 다음은 펨토: f, 아토: a, 제토: z 순으로 쓴다. 20세기에는 마이크로라는 게 굉장히 정밀한 수치를 나타내는 표현이었는데 지금은 나노나 피코가 많이 쓰이는 세상이 됐다.

우리가 코로나19로 대란을 겪었던 마스크에는 KF80이나 KF94, KF99 같은 표시가 있는데, 이는 주로 미세먼지를 막아내는 능력을 나타낸다. KF는 코리아 필터(*Korea Filter*)의 약어로 식약처의 인정을 받았다는 의미이며 80, 94, 99 등의 숫자는 미세먼지를 걸러내는 비율을 뜻한다. KF80*(0.6μm크기 80%차단)*, KF94*(0.4μm크기 94%차단)*, KF99*(0.4μm크기 99%차단)*. 초미세먼지 마스크에 쓰이는 단위가 마이크로니, 나노나 피코는 얼마나 작을까?

기출문제 · 2017수능

8×2^{-2}의 값을 구하시오.

$2^3 \times 2^{-2} = 2^1 = 2$

$(\sqrt{2})^x = 16^{\frac{1}{2}}$일 때 x값을 구하시오.

로그

IV

- 천문학자와 미생물학자의 계산법, 로그
- 로그로 예측하는 초고령사회의 추세

앞에서 2^{64}=18,446,744,073,709,552,000이라는 값을 구한 게 신기해 보인다. 어떻게 구했을까? 웬만한 인터넷 포털에 '2^64'를 입력하면 공학계산기가 나오면서 '1.84467440737e+19'이라는 답이 나온다. (*e+19*는 10^{19}을 곱하라는 뜻이다.) '그래? 별 거 아니군.' 하고 돌아서는 순간 '그럼 계산기 없이 알아보는 방법은 없을까?' 공연한 궁금증이 생긴다. 이쯤 되면 진짜 독자가 된 셈인데^^….

천문학자와 미생물학자의 계산법, 로그

어림 계산이라도 해 보고 싶다면 지금부터 따라 해보자.

2^{10}=1,024이므로 이 값을 1,000이라고 어림잡아 계산하자. 2^{10}은 2를 10번 곱한 값이라고 하니 2^{20}은 2를 20번 곱한 값이리라. 그렇다면 $2^{20}=2^{10}\times2^{10}$=1,000×1,000=1,000,000(*$2^{10}$=1,000으로 어림한 걸 기억하자.*) 흠, 백만쯤 되겠군. 흔히 쓰는 값이니 별로 부담스럽지 않다.

그렇다면 $2^{30}=2^{10}\times2^{10}\times2^{10}$=1,000×1,000×1,000=1,000,000,000 10억쯤 되는 것 아닌가? 보통 우리 아파트 값을 들먹일 때 쉽게 쓰는 단위니 이 정도는 그리 두렵지 않다. 그러나 2^{40}, 2^{50}은 결코 우리가 흔히 쓰는 단위가 아니다. 2^{40}은 1조, 2^{50}은 1,000조쯤 될 거다. 이것도 우리나라 예산 어쩌고 할 때 들어봤다고? 그럴 것 같다.

그렇다면 2^{60}은? 100경쯤 된다. 우리가 어려서부터 현실감 없이 외워뒀던 엄청난 수, '경, 해'란 단어가 드디어 쓰였다. 2^4=16이니 $2^{64}=2^4 \times 2^{60} \fallingdotseq 16 \times 100$경$=1.6 \times 1,000$경. 지수부분에서 공부했던 2^{64} 값이 1,864경 어쩌구였으니 여기서 구한 1,600경 정도도 아주 틀린 값이라고 할 순 없다. 1,864경이든 1,600경이든 굉장히 큰 값이 등장했다. 그렇다면 도대체 이거 얼마나 큰 값일까?

수가 얼마나 큰가를 따질 때 우리는 흔히 "동그라미가 몇 갠데?"라고 묻기도 한다.

$2^{10}=1,000$으로 어림잡아 동그라미 세 개로 따졌다면 2^{20}은 동그라미가 6개, 2^{30}은 동그라미가 9개, $\cdots$, 2^{60}은 $2^{60}=2^{20} \times 2^{20} \times 2^{20}$이니 동그라미가 18개 될 거다. 동그라미 18개면 100경이라고 했던가? 도대체 얼마나 큰 수인지 감이 오지는 않지만 동그라미가 예닐곱 개 있는 정도와는 비교도 안될 만큼 큰 수일 테고 동그라미가 10개인 수보다는 10^8배, 11개인 수보다는 10^7배가 된다는 사실은 분명하다.

이렇게 엄청나게 큰 수는 우리가 쓸 일이 없어 보이지만 이런 단위를 써야 하는 경우에 닥친다면 누구나 동그라미의 개수로 수의 크기를 비교하는 일이 생길지도 모른다. 극단적으로 인플레이션에 시달리는 나라에서는 돈을 쓸 때마저도 이런 수를 쓰기도 할 텐데 그런 끔찍한 상황은 상상하기도 싫다. 다행히 우리는 이런 큰 수를 일상적으로 쓰지 않으면서 사는 걸 감사하는데 사실 우리 주변에서도 이런 극단적인 값을 일상으로 쓰는 사람들이 있다.

바로 과학자들, 천문학자와 미생물·바이러스를 연구하는 실험실 연구자들이다. 이들은 우주의 거리를 다룰 때 10의 거듭제곱을 이용하지 않고는 나타내기 곤란하며, 바이러스를 배양하면서도 그 크기를 역시 10의 거듭제곱(음의 지수를 쓴다.)으로 표시해야 한다.

천문학자들은 너무 큰 값을 표시하느라고, 반대로 실험실 연구원들은 너무 작은 값을 표시하느라고 불가피하게 쓰는 표현이지만 그들은 한결같이 $k \times 10^n (1 \le k < 10,$ n은 정수)와 같은 표현을 쓰면서 일한다. 과학자들은 이 표현으로 어떤 수든지 표시할 수 있는데 천문학자는 n에 양수를 대입하고 실험실 연구원은 음수를 대입해서 쓴다고 보면 된다.

2^{64}=18,446,744,073,709,552,000인데 공학용계산기에서 18,446,744,073,709,552,000 ≒ 1.84467440737e+19=1.84467440737 × 10^{19}으로 나타내는 게 바로 이런 표현이다.

예를 들어 지구와 태양의 거리는 $1.5 \times 10^{11} m$(또는 $1.5e+11$)이며 최근에 우리를 괴롭힌 코로나19 바이러스의 크기는 크게 봐 $1.6 \times 10^{-7} m (1.6e-7)$ 정도로 표시한다.

이렇게 자릿수를 따질 정도의 수를 다루는 분야에 종사하는 연구자들의 경우는 로그에 익숙해야 하는데 로그의 발견 자체가 아주 실용적인 계산을 위한 거기 때문이다.

자, 이제 여기에 실제로 로그(log)란 걸 취해보자. 위에 표시한 것같이 밑을 10으로 하는 로그를 상용로그라고 하는데 한 마디로 몇 자릿수냐를 표시하는 정의라고 생각하면 된다. 우선 1.5×10^{11}에 로그를 취해보자.

$log(1.5 \times 10^{11})=log1.5+log10^{11}=log1.5+11=11.\cdots$

1.6×10^{-7}에도 로그를 취해보면

$log(1.6 \times 10^{-7})=log1.6+log10^{-7}=log1.6+(-7)=-6.\cdots$

로그의 성질을 이용해 계산한 건데 과정이 낯선 경우 그냥 그러려니 하고 받아들이기 바란다. 여기서 중요한 부분은 11이나 -7 같은 부분인데 바로 자리수, 즉 크기를 의미하는 값이며 지표라고 한다. 한편, $log1.5$와 $log1.6$ 값은 0과 1 사이의 어떤 값이 되는데 가수라고 부르고 상용로그표를 찾아서 그대로 읽는다.

상용로그표 (1)

수	0	1	2	3	4	5	6	7	8	9	1	2	3	4	5	6	7	8	9
1.0	0.0000	0.0043	0.0086	0.0128	0.0170	0.0212	0.0253	0.0294	0.0334	0.0374	4	8	12	17	21	25	29	33	37
1.1	0.0414	0.0453	0.0492	0.0531	0.0569	0.0607	0.0645	0.0682	0.0719	0.0755	4	8	11	15	19	23	26	30	34
1.2	0.0792	0.0828	0.0864	0.0899	0.0934	0.0969	0.1004	0.1038	0.1072	0.1106	3	7	10	14	17	21	24	28	31
1.3	0.1139	0.1173	0.1206	0.1239	0.1271	0.1303	0.1335	0.1367	0.1399	0.1430	3	6	10	13	16	19	23	26	29
1.4	0.1461	0.1492	0.1523	0.1553	0.1584	0.1614	0.1644	0.1673	0.1703	0.1732	3	6	9	12	15	18	21	24	27
1.5	0.1761	0.1790	0.1818	0.1847	0.1875	0.1903	0.1931	0.1959	0.1987	0.2014	3	6	8	11	14	17	20	22	25
1.6	0.2041	0.2068	0.2095	0.2122	0.2148	0.2175	0.2201	0.2227	0.2253	0.2279	3	5	8	11	13	16	18	21	24
1.7	0.2304	0.2330	0.2355	0.2380	0.2405	0.2430	0.2455	0.2480	0.2504	0.2529	2	5	7	10	12	15	17	20	22
1.8	0.2553	0.2577	0.2601	0.2625	0.2648	0.2672	0.2695	0.2718	0.2742	0.2765	2	5	7	9	12	14	16	19	21
1.9	0.2788	0.2810	0.2833	0.2856	0.2878	0.2900	0.2923	0.2945	0.2967	0.2989	2	4	7	9	11	13	16	18	20
2	0.3010	0.3032	0.3054	0.3075	0.3096	0.3118	0.3139	0.3160	0.3181	0.3201	2	4	6	8	11	13	15	17	19
2.1	0.3222	0.3243	0.3263	0.3284	0.3304	0.3324	0.3345	0.3365	0.3385	0.3404	2	4	6	8	10	12	14	16	18
2.2	0.3424	0.3444	0.3464	0.3483	0.3502	0.3522	0.3541	0.3560	0.3579	0.3598	2	4	6	8	10	12	14	15	17
2.3	0.3617	0.3636	0.3655	0.3674	0.3692	0.3711	0.3729	0.3747	0.3766	0.3784	2	4	6	7	9	11	13	15	17
2.4	0.3802	0.3820	0.3838	0.3856	0.3874	0.3892	0.3909	0.3927	0.3945	0.3962	2	4	5	7	9	11	12	14	16
2.5	0.3979	0.3997	0.4014	0.4031	0.4048	0.4065	0.4082	0.4099	0.4116	0.4133	2	3	5	7	9	10	12	14	15
2.6	0.4150	0.4166	0.4183	0.4200	0.4216	0.4232	0.4249	0.4265	0.4281	0.4298	2	3	5	7	8	10	11	13	15
2.7	0.4314	0.4330	0.4346	0.4362	0.4378	0.4393	0.4409	0.4425	0.4440	0.4456	2	3	5	6	8	9	11	13	14
2.8	0.4472	0.4487	0.4502	0.4518	0.4533	0.4548	0.4564	0.4579	0.4594	0.4609	2	3	5	6	8	9	11	12	14
2.9	0.4624	0.4639	0.4654	0.4669	0.4683	0.4698	0.4713	0.4728	0.4742	0.4757	1	3	4	6	7	9	10	12	13
3	0.4771	0.4786	0.4800	0.4814	0.4829	0.4843	0.4857	0.4871	0.4886	0.4900	1	3	4	6	7	9	10	11	13
3.1	0.4914	0.4928	0.4942	0.4955	0.4969	0.4983	0.4997	0.5011	0.5024	0.5038	1	3	4	6	7	8	10	11	12
3.2	0.5051	0.5065	0.5079	0.5092	0.5105	0.5119	0.5132	0.5145	0.5159	0.5172	1	3	4	5	7	8	9	11	12
3.3	0.5185	0.5198	0.5211	0.5224	0.5237	0.5250	0.5263	0.5276	0.5289	0.5302	1	3	4	5	6	8	9	10	12
3.4	0.5315	0.5328	0.5340	0.5353	0.5366	0.5378	0.5391	0.5403	0.5416	0.5428	1	3	4	5	6	8	9	10	11
3.5	0.5441	0.5453	0.5465	0.5478	0.5490	0.5502	0.5514	0.5527	0.5539	0.5551	1	2	4	5	6	7	9	10	11
3.6	0.5563	0.5575	0.5587	0.5599	0.5611	0.5623	0.5635	0.5647	0.5658	0.5670	1	2	4	5	6	7	8	10	11
3.7	0.5682	0.5694	0.5705	0.5717	0.5729	0.5740	0.5752	0.5763	0.5775	0.5786	1	2	3	5	6	7	8	9	10
3.8	0.5798	0.5809	0.5821	0.5832	0.5843	0.5855	0.5866	0.5877	0.5888	0.5899	1	2	3	5	6	7	8	9	10
3.9	0.5911	0.5922	0.5933	0.5944	0.5955	0.5966	0.5977	0.5988	0.5999	0.6010	1	2	3	4	5	7	8	9	10
4	0.6021	0.6031	0.6042	0.6053	0.6064	0.6075	0.6085	0.6096	0.6107	0.6117	1	2	3	4	5	7	8	9	10
4.1	0.6128	0.6138	0.6149	0.6160	0.6170	0.6180	0.6191	0.6201	0.6212	0.6222	1	2	3	4	5	6	7	8	9
4.2	0.6232	0.6243	0.6253	0.6263	0.6274	0.6284	0.6294	0.6304	0.6314	0.6325	1	2	3	4	5	6	7	8	9
4.3	0.6335	0.6345	0.6355	0.6365	0.6375	0.6385	0.6395	0.6405	0.6415	0.6425	1	2	3	4	5	6	7	8	9
4.4	0.6435	0.6444	0.6454	0.6464	0.6474	0.6484	0.6493	0.6503	0.6513	0.6522	1	2	3	4	5	6	7	8	9
4.5	0.6532	0.6542	0.6551	0.6561	0.6571	0.6580	0.6590	0.6599	0.6609	0.6618	1	2	3	4	5	6	7	8	9
4.6	0.6628	0.6637	0.6646	0.6656	0.6665	0.6675	0.6684	0.6693	0.6702	0.6712	1	2	3	4	5	6	7	7	8
4.7	0.6721	0.6730	0.6739	0.6749	0.6758	0.6767	0.6776	0.6785	0.6794	0.6803	1	2	3	4	5	5	6	7	8
4.8	0.6812	0.6821	0.6830	0.6839	0.6848	0.6857	0.6866	0.6875	0.6884	0.6893	1	2	3	4	4	5	6	7	8
4.9	0.6902	0.6911	0.6920	0.6928	0.6937	0.6946	0.6955	0.6964	0.6972	0.6981	1	2	3	4	4	5	6	7	8
5	0.6990	0.6998	0.7007	0.7016	0.7024	0.7033	0.7042	0.7050	0.7059	0.7067	1	2	3	3	4	5	6	7	8
5.1	0.7076	0.7084	0.7093	0.7101	0.7110	0.7118	0.7126	0.7135	0.7143	0.7152	1	2	3	3	4	5	6	7	8
5.2	0.7160	0.7168	0.7177	0.7185	0.7193	0.7202	0.7210	0.7218	0.7226	0.7235	1	2	2	3	4	5	6	7	7
5.3	0.7243	0.7251	0.7259	0.7267	0.7275	0.7284	0.7292	0.7300	0.7308	0.7316	1	2	2	3	4	5	6	6	7
5.4	0.7324	0.7332	0.7340	0.7348	0.7356	0.7364	0.7372	0.7380	0.7388	0.7396	1	2	2	3	4	5	6	6	7

상용로그표 (2)

수	0	1	2	3	4	5	6	7	8	9	1	2	3	4	5	6	7	8	9
5.5	0.7404	0.7412	0.7419	0.7427	0.7435	0.7443	0.7451	0.7459	0.7466	0.7474	1	2	2	3	4	5	5	6	7
5.6	0.7482	0.7490	0.7497	0.7505	0.7513	0.7520	0.7528	0.7536	0.7543	0.7551	1	2	2	3	4	5	5	6	7
5.7	0.7559	0.7566	0.7574	0.7582	0.7589	0.7597	0.7604	0.7612	0.7619	0.7627	1	2	2	3	4	5	5	6	7
5.8	0.7634	0.7642	0.7649	0.7657	0.7664	0.7672	0.7679	0.7686	0.7694	0.7701	1	1	2	3	4	4	5	6	7
5.9	0.7709	0.7716	0.7723	0.7731	0.7738	0.7745	0.7752	0.7760	0.7767	0.7774	1	1	2	3	4	4	5	6	7
6	0.7782	0.7789	0.7796	0.7803	0.7810	0.7818	0.7825	0.7832	0.7839	0.7846	1	1	2	3	4	4	5	6	6
6.1	0.7853	0.7860	0.7868	0.7875	0.7882	0.7889	0.7896	0.7903	0.7910	0.7917	1	1	2	3	4	4	5	6	6
6.2	0.7924	0.7931	0.7938	0.7945	0.7952	0.7959	0.7966	0.7973	0.7980	0.7987	1	1	2	3	3	4	5	6	6
6.3	0.7993	0.8000	0.8007	0.8014	0.8021	0.8028	0.8035	0.8041	0.8048	0.8055	1	1	2	3	3	4	5	5	6
6.4	0.8062	0.8069	0.8075	0.8082	0.8089	0.8096	0.8102	0.8109	0.8116	0.8122	1	1	2	3	3	4	5	5	6
6.5	0.8129	0.8136	0.8142	0.8149	0.8156	0.8162	0.8169	0.8176	0.8182	0.8189	1	1	2	3	3	4	5	5	6
6.6	0.8195	0.8202	0.8209	0.8215	0.8222	0.8228	0.8235	0.8241	0.8248	0.8254	1	1	2	3	3	4	5	5	6
6.7	0.8261	0.8267	0.8274	0.8280	0.8287	0.8293	0.8299	0.8306	0.8312	0.8319	1	1	2	3	3	4	5	5	6
6.8	0.8325	0.8331	0.8338	0.8344	0.8351	0.8357	0.8363	0.8370	0.8376	0.8382	1	1	2	3	3	4	4	5	6
6.9	0.8388	0.8395	0.8401	0.8407	0.8414	0.8420	0.8426	0.8432	0.8439	0.8445	1	1	2	2	3	4	4	5	6
7	0.8451	0.8457	0.8463	0.8470	0.8476	0.8482	0.8488	0.8494	0.8500	0.8506	1	1	2	2	3	4	4	5	6
7.1	0.8513	0.8519	0.8525	0.8531	0.8537	0.8543	0.8549	0.8555	0.8561	0.8567	1	1	2	2	3	4	4	5	5
7.2	0.8573	0.8579	0.8585	0.8591	0.8597	0.8603	0.8609	0.8615	0.8621	0.8627	1	1	2	2	3	4	4	5	5
7.3	0.8633	0.8639	0.8645	0.8651	0.8657	0.8663	0.8669	0.8675	0.8681	0.8686	1	1	2	2	3	4	4	5	5
7.4	0.8692	0.8698	0.8704	0.8710	0.8716	0.8722	0.8727	0.8733	0.8739	0.8745	1	1	2	2	3	4	4	5	5
7.5	0.8751	0.8756	0.8762	0.8768	0.8774	0.8779	0.8785	0.8791	0.8797	0.8802	1	1	2	2	3	3	4	5	5
7.6	0.8808	0.8814	0.8820	0.8825	0.8831	0.8837	0.8842	0.8848	0.8854	0.8859	1	1	2	2	3	3	4	5	5
7.7	0.8865	0.8871	0.8876	0.8882	0.8887	0.8893	0.8899	0.8904	0.8910	0.8915	1	1	2	2	3	3	4	4	5
7.8	0.8921	0.8927	0.8932	0.8938	0.8943	0.8949	0.8954	0.8960	0.8965	0.8971	1	1	2	2	3	3	4	4	5
7.9	0.8976	0.8982	0.8987	0.8993	0.8998	0.9004	0.9009	0.9015	0.9020	0.9025	1	1	2	2	3	3	4	4	5
8	0.9031	0.9036	0.9042	0.9047	0.9053	0.9058	0.9063	0.9069	0.9074	0.9079	1	1	2	2	3	3	4	4	5
8.1	0.9085	0.9090	0.9096	0.9101	0.9106	0.9112	0.9117	0.9122	0.9128	0.9133	1	1	2	2	3	3	4	4	5
8.2	0.9138	0.9143	0.9149	0.9154	0.9159	0.9165	0.9170	0.9175	0.9180	0.9186	1	1	2	2	3	3	4	4	5
8.3	0.9191	0.9196	0.9201	0.9206	0.9212	0.9217	0.9222	0.9227	0.9232	0.9238	1	1	2	2	3	3	4	4	5
8.4	0.9243	0.9248	0.9253	0.9258	0.9263	0.9269	0.9274	0.9279	0.9284	0.9289	1	1	2	2	3	3	4	4	5
8.5	0.9294	0.9299	0.9304	0.9309	0.9315	0.9320	0.9325	0.9330	0.9335	0.9340	1	1	2	2	3	3	4	4	5
8.6	0.9345	0.9350	0.9355	0.9360	0.9365	0.9370	0.9375	0.9380	0.9385	0.9390	1	1	2	2	3	3	4	4	5
8.7	0.9395	0.9400	0.9405	0.9410	0.9415	0.9420	0.9425	0.9430	0.9435	0.9440	0	1	1	2	2	3	3	4	4
8.8	0.9445	0.9450	0.9455	0.9460	0.9465	0.9469	0.9474	0.9479	0.9484	0.9489	0	1	1	2	2	3	3	4	4
8.9	0.9494	0.9499	0.9504	0.9509	0.9513	0.9518	0.9523	0.9528	0.9533	0.9538	0	1	1	2	2	3	3	4	4
9	0.9542	0.9547	0.9552	0.9557	0.9562	0.9566	0.9571	0.9576	0.9581	0.9586	0	1	1	2	2	3	3	4	4
9.1	0.9590	0.9595	0.9600	0.9605	0.9609	0.9614	0.9619	0.9624	0.9628	0.9633	0	1	1	2	2	3	3	4	4
9.2	0.9638	0.9643	0.9647	0.9652	0.9657	0.9661	0.9666	0.9671	0.9675	0.9680	0	1	1	2	2	3	3	4	4
9.3	0.9685	0.9689	0.9694	0.9699	0.9703	0.9708	0.9713	0.9717	0.9722	0.9727	0	1	1	2	2	3	3	4	4
9.4	0.9731	0.9736	0.9741	0.9745	0.9750	0.9754	0.9759	0.9763	0.9768	0.9773	0	1	1	2	2	3	3	4	4
9.5	0.9777	0.9782	0.9786	0.9791	0.9795	0.9800	0.9805	0.9809	0.9814	0.9818	0	1	1	2	2	3	3	4	4
9.6	0.9823	0.9827	0.9832	0.9836	0.9841	0.9845	0.9850	0.9854	0.9859	0.9863	0	1	1	2	2	3	3	4	4
9.7	0.9868	0.9872	0.9877	0.9881	0.9886	0.9890	0.9894	0.9899	0.9903	0.9908	0	1	1	2	2	3	3	4	4
9.8	0.9912	0.9917	0.9921	0.9926	0.9930	0.9934	0.9939	0.9943	0.9948	0.9952	0	1	1	2	2	3	3	4	4
9.9	0.9956	0.9961	0.9965	0.9969	0.9974	0.9978	0.9983	0.9987	0.9991	0.9996	0	1	1	2	2	3	3	3	4

어떤 수의 상용로그 값이 5.3010이라면 이 수는 얼마일까?

이 수의 상용로그 값이 5+0.3010이라는 건 우선 동그라미가 5개, 그러니까 수로는 여섯 자릿수라는 뜻이다. 0.3010은 표에서 보니 $log2$의 값이다. $5+0.3010=log10^5+log2=log(10^5 \times 2)=log200000$. 결국 200,000의 상용로그 값은 5+0.3010였던 거다. 알 듯 말 듯 하고 편리해 보이지만 이상한 계산처럼 보이기도 한다.

로그는 일상에서 자주 쓰는 기호가 아니라서 다소 낯설기도 하니 아주 크거나 작은 수의 계산을 할 때, 편리하게 표의 도움을 받아서 하는 장치라는 정도로 기억해 두기 바란다.

사실 어떤 값에 로그를 취한 수치로 구간을 정하는 단위가 많은데 소위 알칼리수와 산성수를 비교할 때 쓰는 수소이온농도(*pH*), 소리의 크기를 나타내는 데시벨(*dB*), 지진의 규모를 나타내는 단위인 리히터(*Richter II magnitude*) 등이 모두 로그를 취한 값으로 크기를 표시하고 있다.

이유는 농도나 에너지 양 등이 10배, 100배가 돼야 우리는 한 단계, 두 단계 정도의 차이로 느끼기 때문이다. 지진의 강도를 나타내는 리히터 지진규모를 보면서 수치가 1 커지면 지진의 규모는 10배가 되고 그 에너지의 강도는 32배 정도 커진다는 사실을 분석해 보길 바란다(*수치가 1 커지면 상용로그는 10배가 되고 지진에너지의 경우는 수치가 2 커질 때마다 1,000배가 되는 정도이므로, 수치가 1커질 때 에너지는 32배가 된다*).

리히터 지진 진도표

리히터 규모	지진의 피해
2.0 이하	느끼지 못함
2.0~2.9	느끼지 못하지만 기록됨
3.0~3.9	가끔 느끼지만 거의 영향 없음
4.0~4.9	실내 물건들이 느낄 수 있는 수준으로 흔들림, 큰 피해는 일어나지 않는 편
5.0~5.9	작은 지역에 한해 약한 건물들이 큰 손상을 입을 수 있음
6.0~6.9	반경 160Km 내에 파괴적일 수 있음
7.0~7.9	더 큰 영역에 심각한 손상 초래
8.0~8.9	수백Km 큰 손상 초래
9.0~9.9	수천Km까지 매우 파괴적인 손상 초래
10.0 이상	한 번도 기록된 적 없으며 전 지구적 파괴 예상

로그로 예측하는 초고령사회의 추세

어느 나라에서 65세 이상의 고령인구 비율이 총인구 대비 14%를 초과하면 고령사회, 20%를 초과하면 초고령사회로 분류한다. 우리나라는 2017년에 인구 대비 65세 인구 비율이 14.2%를 기록해 이미 고령사회에 진입했다.

총인구는 매년 전년에 비해 0.3% 증가하고 65세 이상 고령인구는 매년 전년에 비해 4% 증가한다고 가정하면, 우리나라는 몇 년 후에 인구대비 65세 인구 비율이 20%를 넘는 초고령사회에 진입할까? (단, $\log 1.003 = 0.0013$, $\log 1.04 = 0.0170$, $\log 1.41 = 0.1492$)

이를 따지기 위해 로그를 이용할 수 있다. 사실 이 정도의 문제는 몇 번 손을 꼽아보는 것만으로도 많은 사람이 짐작할 수 있을 정도의 작은 수(가까운 미래)이므로 굳이 로그를 이용하지 않아도 되지만 이용 방법을 이해하기 위해 시도해 보자.

2017년도의 총인구를 A, 노인인구(65세 이상) 수를 a라고 놓아 보자. 노인비율이 14.2%라는 건 $\frac{a}{A} = 0.142$라는 뜻이다.

몇 년 후를 n년 후라고 보고 그때 총인구와 노인인구를 구해보면 각각 $(1.003)^n \times A$, $(1.04)^n \times a$이다. 이건 지수에서 배운 기하적증 가율을 적용한 거다. 그럼 노인비율은 $\frac{(1.04)^n a}{(1.003)^n A}$이 된다. 이건 $\left(\frac{1.04}{1.003}\right)^n \times \frac{a}{A}$이고 이 값이 0.2(20%)될 때가 바로 초고령사회가 되는 거다. 여기에서 $\frac{a}{A} = 0.142$이므로 결국 $\left(\frac{1.04}{1.003}\right)^n \times 0.142 = 0.2$를 계산하면 된다.

100배를 해 퍼센트로 보면 $\left(\frac{1.04}{1.003}\right)^n \times 14.2 = 20$도 마찬가지 이다. $\left(\frac{1.04}{1.003}\right)^n = \frac{20}{14.2}(\fallingdotseq 1.41)$, 이럴 때 바로 로그라는 걸 취해서 쓰게 된다. 양쪽에 로그를 취하면 $log\left(\frac{1.04}{1.003}\right)^n = log1.41$이다.

이 식이 $n(log1.04 - log1.003) = log1.41$로 운영되는 게 로그 계산의 편리성인데 이 계산은 어드바이스에서 설명하므로 그대로 받아들이기로 하자. 그대로 대입해 계산하면 $n(0.0170 - 0.0013) = 0.1492$이 된다. $\therefore n \fallingdotseq 9.5$

2017년의 9.5년 후니까 2026년이나 2027년쯤 우리나라는 초고령사회로 진입한다고 계산됐다. 통계청에서도 이 정도의 추세로 예측하고 있다. 곧 다가올 미래다.

이런 통계를 근거로 우리 사회를 힘이 빠져가는 사회로 규정하면서 매우 암울하게 진단하는 분위기가 역력한데 사실 우리나라를 비롯해서 세계적으로 고령화의 추세는 피하기 어려운 현실이다. 아울러 전세계의 기대수명도 엄청나게 높아지고 있어서 고령인구의 기준도 조만간 달라질 가능성이 있다. 그러므로 고령화 추세보다는 출산율이 낮다는 사실에 집중해 문제 제기를 이어나가는 편이 현명할 것 같다.

어드바이스

로그의 성질 중 가장 대표적인 게 $logMN=logM+logN$와 $log\dfrac{M}{N}=logM-logN$, 그리고 $logM^k=klogM$이라는 공식인데 로그를 이용하는 가치는 곧 이 공식을 잘 이용한다는 뜻과도 통한다.

이건 곱이나 몫의 계산을 합이나 차로 바꿔 계산한다는 면에서 계산기나 컴퓨터가 발달하기 전에는 더욱 요긴하게 쓰였다.

실제로 로그의 성질은 $M=10^x$, $N=10^y$라고 놓기만 하면 손쉽게 설명할 수 있다. $M=10^x$, $N=10^y$이니까 $x=logM$, $y=logN$이다.

여기서 $M \times N$, $\dfrac{M}{N}$을 해보면 $M \times N = 10^x \times 10^y = 10^{x+y}$, $\dfrac{M}{N} = \dfrac{10^x}{10^y} = 10^{x-y}$이다.

로그의 정의대로 읽으면 $x+y=logMN$, $x-y=log\dfrac{M}{N}$이고

$x=logM$, $y=logN$이니까 $logMN=logM+logN$ 이고

$log\dfrac{M}{N} = logM - logN$이 된다.

$logM^k=klogM$도 마찬가지다.

$M=10^x$이므로 $x=logM$이고 $M^k=(10^x)^k=10^{kx}$이다.

로그의 정의대로 읽으면 $kx=logM^k$.

여기서 $x=logM$이니까 $logM^k=klogM$이 된다.

[참고] 우리는 꾸준히 밑을 10으로 하는 로그를 공부해왔다. 그래서 대부분의 로그에서 밑을 생략하고 썼다. 본래 생략하지 않으면 모두 $x=log_{10}M$, $y=log_{10}N$ 이런 식으로 써야 한다.

그래서 10 대신 밑을 일반적으로 a라고 하면 $log_aMN=log_aM+log_aN$, $log_a\dfrac{M}{N}=log_aM-log_aN$, $log_aM^k=klog_aM$ 등으로 쓰게 된다.

기출문제 · 2017수능

$log_{15}3+log_{15}5$의 값을 구하시오.

$$log_{15}3+log_{15}5=log_{15}3\times5=log_{15}15=1$$

2^{50}의 자릿수와 처음 두 자리의 숫자를 구하시오.
(64~65쪽의 상용로그표를 이용하시오.)

수열

V

- 등차수열, 등비수열로 보는 IQ테스트
- 대출금 상환액을 계산하는 방법
- 토끼번식과 코로나 슈퍼전파자의
  피보나치 수열

어릴 때. 학교에서 IQ검사라는 걸 했다면 꽤 구세대다. 이런 검사를 돈 주고 했다면 적어도 X세대였을 것이고. "그런 게 다 있어?"라고 묻다가 "아, 적성문제?"라고 반응한다면 그 이후의 신세대다. 세대 타령은 이쯤하고 문제에 한번 도전해 볼까?

등차수열, 등비수열로 보는 IQ테스트

문제1

다음 □ 안에 알맞은 수를 구하시오.

(1) 1, 3, 5, 7, 9, 11, □, 15, …

너무 쉽다고?

(2) 1, 2, 4, 7, 11, 16, □, 29, …

이 정도도 무난하게 할지 모르겠다. 그렇다면

(3) 1, 4, 10, 21, 39, 66, □, 155, …

이쯤 되면 장난이 아니다. 단 하나의 미지수지만 여기에 적당한 수를 찾아 넣으려면 2단계 정도를 거쳐야 한다.

위 문제의 답을 찾았든 못 찾았든 여기에 뭔가 규칙이 있는 건 분명하다. 이와 같이 어떤 규칙을 가진 수의 나열을 수열이라고 한다. 수열은 그 수의 배열에 따라 많은 규칙을 찾아낼 수 있겠지만 중고등학교에서 선보이는 규칙은 크게 등차수열과 등비수열 계열의 문제다.

등차란 뭘까? 말 그대로 차이가 같다는 뜻이다. 그러니 수열을 나열하려면 어떤 일정한 수(공차)를 계속 더해가야 한다. 그렇다면 등비란? 마찬가지로 어떤 일정한 수(공비)를 계속 곱해가야 한다. 크게 봤을 때 같은 수를 더해가는 규칙을 기반으로 하고 있다면 등차계열, 같은 수를 곱해가는 규칙을 기반으로 하고 있다면 등비계열이라고 할 수 있다.

위에 있는 문제는 모두 등차계열의 문제다. 수열을 이루는 이웃 항들 사이의 관계가 근본적으로 등차 규칙을 바탕으로 하고 있기 때문이다.

(1)은 두 말할 것도 없이 항들의 차이가 모두 2이다.

$3-1=5-3=7-5=\cdots=2$

(2)는 조금 신경 쓰면 쉽게 짐작할 수 있다.

1, 2, 4, 7, 11, 16, □, 29, ⋯ 의 차이를 차례로 구해보면 1, 2, 3, 4, 5, 6, 7, 8, ⋯이 된다. 그러니 □는 틀림없이 22이다.

분명히 (1)보다는 (2), (2)보다는 (3)이 어려운 규칙이지만 이웃한 두 수 사이를 차례로 빼 보면 언젠가는 일정한 수가 나타나게 된다.

이렇게 몇 번이고 이웃한 항을 빼 규칙을 알아내는 방법을 계차라고 하는데 이런 계차수열 중 위의 문제같이 이웃한 두 수 사이를 차례로 빼 봤을 때 언젠가 일정한 수가 나타나면 이걸 등차 계열로 분류한다.

그럼 이와 조금 다른 계열의 문제를 살펴보자.

다음 네모 안의 알맞은 수를 구하시오.

(1) 1, 2, 4, 8, 16, 32, □, 128, …

(2) 2, 3, 5, 9, 17, 33, □, 129, …

(3) 2, 4, 7, 12, 21, 38, □, 136, …

한눈에 봐도 [문제1]보다는 약간 까다로워 보인다. 그러나 그건 오해. 괜히 겁먹지만 않는다면 이 문제도 [문제1]과 크게 다르지 않다.

(1)과 (2) 정도는 어렵지 않게 답을 찾아낼 수 있지 않을까? (1)은 누가 봐도 2를 계속 곱해가는 과정이다. 이렇게 같은 수를 계속 곱해나가는 수열을 등비수열이라고 하는데 말 그대로 이웃하는 항의 비가 늘 같다는 뜻이다.

[문제1]은 등차수열, [문제2]는 등비수열, 이 두 가지 기본 형태의 차이만 잘 기억하면 웬만한 수열의 규칙은 다 알아낼 수 있다.

[문제2]는 등비수열이라는 강조점을 의식하며 자세히 들여다보자.

[문제2]의 (2)를 생각해 보자. 혹시 (2)를 풀 때 특별한 계산 방식을 따르지 않고도 얼마라고 쉽게 맞춘 독자가 있을지 모르겠다. 특별한 계산 없이 머릿속에 떠오르는 대로 답을 맞힐 수 있다면 그런 걸 근사한 말로 직관이라고 하는데 꽤 수학적 감각이 있다는 뜻이다. ^^

자, 이제 [문제2]를 푸는 일반적인 방법을 모색해 보자. 이 경우도 역시 이웃한 항을 빼 보는, 소위 계차수열 작업으로 해결하게 된다. 그렇다면 (3)의 경우 한 번 빼면 (2)의 형태가 되고 또 빼면 (1)의 형태가 된다.

그러나 잠깐, 이 순간 바짝 집중해서 [문제1]과의 차이점을 발견해야 한다. 만일 [문제1] 계열의 문제처럼 "언젠가 같은 수가 나오겠지." 하고 태만하게 생각하다가는 곤란을 겪는다. [문제2]는 아무리 여러 번 빼더라도 [문제1]처럼 같은 수가 나오지 않기 때문이다. 일정한 수가 등장하기는커녕 어느 순간부터 계속 같은 패턴만 반복하게 된다.

실제로 해 보면 (3)을 빼서 (2)가 됐고 (2)를 빼서 (1)이 됐지만 그다음부터는 아무리 빼도 (1)의 패턴을 그대로 반복한다.

이 사실이 등비계열의 수열이 안고 있는 중요하면서도 운명적인 특징이며 [문제1]과 [문제2], 등차계열과 등비계열을 구분하는 명확한 차이다. 아무튼 [문제2]와 같은 계열을 등비계열이라고 하는데 일정한 수를 곱해가는 규칙이 있다는 점이 일정한 수를 더해가는 규칙이 있는 [문제1]의 경우와 근본적으로 다르다.

(사실 등차계열이니 등비계열이니 하는 분류는 독자들의 이해를 도우려고 여기서 편의상 나누어 본 것이다. 공식적으로 교과서에서는 이웃항 사이의 차이를 발견해 규칙을 찾는 수열을 단지 계차수열이라고만 부른다.)

한편 수열문제는 어떤 문제를 해결하는 데 주안점을 두고 있을까? 수열문제는 당연히 규칙을 구하는 문제이므로 구하는 주제를 크게 나누자면 일반항을 구하는 문제와 합을 구하는 문제로 대별된다.

일반항은 주로 a_n으로 쓰는데 위의 문제에서 □ 값을 찾아내는 것처럼 n번째는 어떤 수가 될까를 알아내는 흥미로운 문제다. 위의 [문제1]과 [문제2]처럼 □ 값을 찾아내는 게 바로 a_n을 구하는 문제다. 위에서는 모두 일곱 번째 수 a_7을 구하는 문제를 제시했는데 a_n을 구할 수만 있다면 n 대신에 8을 집어넣어 여덟 번째 값 a_8을, 17을 대입해 17번째 수 a_{17}, 심지어는 100번째 수 a_{100}을 구할 수도 있을 거다.

실습 삼아 [문제1]과 [문제2]를 차례로 연습해 보자.

[문제1]의 (1) 1, 3, 5, 7, 9, 11, □, 15, … 의 경우 차이가 모두 2이다.

$a_1=1$

$a_2=a_1+2=3$

$a_3=a_2+2=(a_1+2)+2=3+2=5$

…

$a_7=a_6+2=(((((a_1+2)+2)+2)+2)+2)+2=11+2=13$

이렇게 찾아내는 일을 근사한 말로 귀납적 추론이라고 하는데, 앞의 것을 보고 다음을 알아내는 기법이다. 결국 제일 처음에 나온 수 하나와 규칙만 알고 있으면 몇 번째 항의 수든지 알아낼 수 있는 거다.

이 수열의 a_n을 찾아보자. 방법은 똑같다. $a_n=a_{n-1}+2=(\cdots(((((a_1+2)+2)+2)+2)+\cdots+2)+2=a_1+(n-1)\times 2=2n-1$

만일 100번째 항 a_{100}을 구하려면 어떻게 할까? n 대신에 100만 대입하면 그만이다. $a_{100}=2\times100-1=199$, $a_{100}=199$를 손쉽게 구했다.

[문제2]의 (1)도 같은 방법일 거다.

$$a_n=a_{n-1}\times2=(\cdots((((a_1\times2)\times2)\times2)\times2)\times\cdots\times2)\times2=a_1\times2\times2\times2\times\cdots$$
$$\times2=a_1\times2^{n-1}$$
$$a_{100}=1\times2^{100-1}=2^{99}$$

수열은 근본적으로 귀납성을 바탕으로 고안된 구조다. 그러므로 앞의 값을 이용해서 다음 값을 찾아가는 비교적 단조로운 작업이다. 이 단순작업을 아주 빨리 실수 없이 해내는 기계가 바로 컴퓨터라고 하니 컴퓨터는 뜻밖에 단순한 면이 있다.

합을 구하는 과정은 조금 어려우므로 집중해야 할 필요가 있다.

[문제1] (1)의 경우 1, 3, 5, 7, 9, 11, 13, 15, …에서 적당한 항까지의 합을 구해보자. 100항까지의 합을 구하려면 1+3+5+7+9+11+…+197+199를 계산해야 한다.

이걸 어쩌나? 난감해하다가 불현듯 꾀가 떠오른다. 제일 앞의 수와 맨 끝의 수를 더하면 200(=1+199)인데, 두 번째 수와 맨 끝에서 두 번째를 더해도 200(=3+197)이다.

그런 식으로 앞뒤의 짝을 지을 때마다 합이 같게 된다. 전체 100개를 더하기로 했으니 합한 결과는 그 절반인 50개가 될 거다. 합은 영어로 Sum이니까 100까지의 합을 S_{100}이라 하면 $S_{100}=\dfrac{1}{2}\times100\times(1+199)=10000$. 일반적으로는 $S_n=\dfrac{1}{2}\times n\times(a_1+a_n)$이 될 거다.

d를 공차라고 하면 $a_n = a_1 + (n-1) \times d$이므로 $S_n = \dfrac{1}{2} \times n \times \{2 \times a_1 + (n-1) \times d\}$라고 할 수 있는데 공식은 필요에 따라 쓴다.

솔직히 이런 방법이 불현듯 떠올랐다는 건 대체로 거짓말일 거다. 콜럼버스의 달걀처럼, 방법은 대단치 않아도 그걸 찾아낸다는 건 별난 사람들의 몫이다. 등차수열의 합을 구하는 이 방법은 가우스라는 천재가 어려서 발견했다고 하는데 생각을 조금만 바꾸면 편리하고 효과적인 계산을 할 수 있다는 교훈을 준다.

한편 [문제2] (1)은 1, 2, 4, 8, 16, 32, 64, 128, …인데 100항까지의 합을 구하려면 $1+2+4+8+16+32+64+\cdots+2^{98}+2^{99}$을 계산해야 한다. 이번에도 무슨 꾀가 있을까?

있다! 전에도 느꼈을지 모르지만 수학에 어떤 원리가 있다면 반드시 풀어내는 방법이 있다.

$1+2+4+8+16+32+64+\cdots+2^{98}+2^{99}$ 이렇게 100개 더하는 일을 S_{100}이라고 하면 일단 $S_{100} = 1+2+4+8+16+32+64+\cdots+2^{98}+2^{99}\cdots①$이다.

그리고 찬찬히 살펴보니 여기에 공비 2를 곱하면 비슷한 모양이 또 나올 것 같다. $2 \times S_{100} = 2+4+8+16+32+64+\cdots+2^{99}+2^{100}\cdots②$

②는 ①에 공비를 곱하다 보니 항이 한 칸씩 밀린 꼴이라고 볼 수 있다. 그래서 ②−①하면 $2 \times S_{100} - S_{100} = 2^{100} - 1$이다. 오른쪽 항이 다 지워지고 ②에서의 맨 끝과 ①에서의 맨 처음만 남게 됐다. $(2-1) \times S_{100} = 2^{100}-1$ $\therefore S_{100} = 2^{100}-1$

일반적으로는 공비를 r이라고 할 때 $(r-1) \times S_n = a_{n+1} - a_1$ 여기서 $a_{n+1} = a_1 \times r^n$ $\therefore S_n = \dfrac{a_1(r^n - 1)}{r - 1}$ 이다.

좀 어려운 작업을 해 봤는데 이해가 된다면 나름 보람이 있을 거다. 만일 충분히 이해가 되지 않았다면 한 번 읽었다는 사실만으로 충분한 자부심을 갖기 바란다.

대출금 상환액을 계산하는 방법

문제3

진구는 이달 초 은행에서 아파트를 담보로 10년 만기의 1억원을 대출했다. 은행에서는 파격적인 상품이라며 대출과 상환 모두에 연리 3%를 복리 적용한다고 했고, 대출 이자는 연리로 부과하고 상환은 월 균등상환이므로 월 이율로 적용한다고 했다. 진구는 대출한 달 말부터 매월 말에 얼마씩을 상환해야 할까?

은행에서 상담을 마쳤는데도 집에 돌아오면 기억이 왔다 갔다한다. 도대체 얼마씩 갚기로 했더라? 기어이 아내와 마주 앉았다.

대출금 상환 문제는 10년 후 만기를 기준으로 해야 한다. 이게 요점이다. 은행이 나에게 대출했다는 건 은행이 내게 10년 예금했다고 생각하면 된다. 반대로 내가 갚는 건 말 그대로 적금이다. 이 두 금액이 10년 후에 딱 맞아 떨어지면 대출금을 다 갚은 셈이 된다.

먼저 은행이 나에게 대출한 돈을 10년 만기로 따지면 $S_{대출}$=1억 $\times(1+0.03)^{10}$이다. 이건 수열에서 일반항을 찾는 문제라고 볼 수 있고 앞 단원 지수에서도 다룬 바 있다. 이에 비해 상환하는 값은 등비수열의 항들을 모은 거라고 생각하면 된다.

내가 은행에 갚아야 할 돈을 x라고 하면 10년 동안 월 이율로 적용하기로 했으니 기간은 120개월이고 월 이율은 0.25%가 된다. 상환하는 돈은 내가 120번 적금하는 걸로 볼 수 있으므로

$S_{상환} = \dfrac{x((1+0.0025)^{120}-1)}{(1+0.0025)-1}$ 이 된다.

$S_{대출}=S_{상환}$이므로 1억$\times 1.03^{10} = \dfrac{x(1.0025^{120}-1)}{0.0025}$에서 x값을 구하면 바로 진구가 매달 은행에 갚아야 하는 돈이 된다.

$134391638 = \dfrac{x(1.34935354719-1)}{0.0025}$

계산한 값 자체를 다 쓰다 보니까 숫자가 너무 자세해 보인다. 어쨌든 끝까지 계산하면 $134391638\times0.0025=x\times0.34935354719$ $\therefore x ≒ 961,726$이다. 매달 96만 원 조금 넘는 금액을 갚아야 한다.

잘 보면 은행이 나에게 대출한 건 수열의 일반항, 내가 은행에 갚는 돈은 수열의 합이라고 할 수 있다. 물론 복리 계산이므로 모두 등비수열을 적용한다.

토끼번식과 코로나 슈퍼전파자의 피보나치 수열

코로나 바이러스에 갇혀 꼼짝을 못하고 지낸지 여러 달. 이제 겨우 가택연금에서 풀려나는 사람들처럼 조심스럽게 집 밖을 나선다. 우선 지방에서 농사를 짓는 친구를 찾아보고 싶다.

작년 10월 초에 어린 토끼 한 쌍을 사왔던데 죽지않고 잘 자라서 번식했다면 지금이 6월이니 그동안 얼마나 불어났을까?

토끼는 번식력이 어마어마하다고 했다. 갓 태어난 한 쌍의 토끼는 한 달이면 충분히 자라서 새끼를 배고 여기서 한 달 후부터는 매달 새끼를 낳는다. 엄마 몸 속에서 갓 태어난 새끼도 한 달이면 다 자라고 또 한 달 후부터 매달 토끼를 낳는다. 새끼를 낳은 토끼도 바로 다음 달 또 새끼를 낳고…. 결국 새끼 토끼는 한 달 자라고 자란지 한 달 후부터는 매달 토끼를 쉼없이 생산해낸다.

만일 친구가 사온 토끼 한 쌍이 아무 탈 없이 잘 자라서 두 달 후부터 꾸준히 새끼를 한 쌍씩 낳고 태어나는 새끼들도 모두 어미처럼 똑같은 생산력을 갖는다면 8개월이 지난 이 시기에 친구네 토끼는 이론상 모두 몇 쌍이나 될까?

이 문제는 피보나치 수열이라는 유명한 규칙으로 널리 알려져 있다.

우선 첫달엔 한 쌍. 둘째 달까지 한 쌍이다. 첫 달은 새끼, 둘째 달에는 어미가 됐는데 이제 셋째 달에 새끼를 낳으면서 문제가 복잡해진다.

일단 새끼를 낳았으니 셋째 달엔 어미와 새끼, 두 쌍이 됐는데 넷째 달에는 어미는 새끼를 또 낳을 거고 지난달 낳은 새끼는 자라 어미가 될 거다. 결국 넷째 달엔 원조 어미, 원조 어미가 처음 낳았던 토끼, 원조 어미가 또 낳은 새끼, 이렇게 3쌍이 살게 되겠다. 다섯째 달엔 원조 어미가 새끼를 또 낳을 거고 처음 낳은 토끼가 새끼를 낳기 시작한다. 그러니 5쌍. 그럼 그 다음은?

무슨 말인지는 알겠는데 더 이상 이런 식으로 따지는 건 머리가 너무 복잡하다.

작년 10월부터 올해 6월까지 토끼의 수(단위: 쌍)

세대		작년			올해						비고
		10월	11월	12월	1월	2월	3월	4월	5월	6월	
원조 세대	F	F									1
1세대	F의 새끼			F1	F2	F3	F4	F5	F6	F7	7
2세대	F1의 새끼					F11	F12	F13	F14	F15	5
	F2의 새끼						F21	F22	F23	F24	4
	F3의 새끼							F31	F32	F33	3
	F4의 새끼								F41	F42	2
	F5의 새끼									F51	1
3세대	F11의 새끼							F111	F112	F113	3
	F12의 새끼								F121	F122	2
	F13의 새끼									F131	1
	F21의 새끼								F211	F212	2
	F22의 새끼									F221	1
	F31의 새끼									F311	1
4세대	F111의 새끼									F1111	1
누적 토끼의 수		1	1	2	3	5	8	13	21	34	

이 그림을 보니 증가 모형이 이해가 된다. 결국 수열의 수는 첫째 달부터 1, 1, 2, 3, 5, 8, 13, 21, 34, 55, 89, 144, …가 될 텐데 8개월이 지나 친구 집을 찾는다고 하면 9번째 달이 되는 셈이니 토끼의 수는 9번째 항인 34쌍이 됐을 거다.

그림으로 확인하면서 눈치챘는지 모르지만 이번 달 토끼의 수는 전 달의 토끼 수와 전전 달 토끼의 수를 합하면 된다. 전전 달 토끼의 수는 이번 달에 태어나는 토끼의 수를 대신할 수 있기 때문이다.

여기서 이번 달 토끼의 수를 a_n, 전 달의 토끼 수를 a_{n-1}, 전전 달 토끼의 수를 a_{n-2}라고 하면 $a_n=a_{n-1}+a_{n-2}$ (단, $a_1=1$, $a_2=1$, $n \geq 3$)이라는 근사한 식이 탄생한다.

이렇게 수열에서 이웃항의 관계를 나타낸 식을 점화식이라고 부르는데 이는 수열의 취지를 잘 나타내는 식이다. 문제에 따라 처음 몇 개의 항을 알려주기만 하면 다음 항을 차례로 모두 구해낼 수 있는 게 바로 점화식이다.

코로나 바이러스로 고생했던 나날들, 비슷한 얘기만 나와도 지긋지긋할지 모르지만 전염병에 따른 바이러스의 전파 패턴이 이 피보나치 수열과 유사할 가능성이 높다. 전염병에 감염된 후 하루가 지나고 이틀째부터 바이러스를 매일 한 사람에게 전파하는 패턴의 전염 경로가 있다고 할 때, 슈퍼전파자 및 모든 접촉자들이 감염시키는 상황을 가정해 모델을 만들면 한 사람의 슈퍼전파자로써 감염자가 증가하는 추이는 피보나치 수열을 그대로 따르게 된다.

피보나치 수열 양상의 증가든, 등비수열 양상의 증가든, 또 다른 양상의 증가든 감염자 수를 최소화하기 위해서는 감염 사슬이 짧아야 하므로 방역당국과 역학조사관들이 밤낮을 가리지 않고 확진자의 동선을 조기 발견하려고 애썼던 것이다. *(이 지면을 통해 코로나19 일선에서 전염병을 막아낸 전사 모두에게 경의를 표한다.)*

수열 단원의 처음에 나왔던 문제들도 굳이 점화식으로 나타내자면 그럴듯하게 쓸 수 있다.

문제1

(1) 1, 3, 5, 7, 9, 11, □, 15, ⋯ $a_n - a_{n-1} = 2$ (단, $a_1 = 1$, $n \geq 2$)

(2) 1, 2, 4, 7, 11, 16, □, 29, ⋯ $a_n - a_{n-1} = n - 1$ (단, $a_1 = 1$, $n \geq 2$)

문제2

(1) 1, 2, 4, 8, 16, 32, □, 128, ⋯ $a_n = 2 \times a_{n-1}$ (단, $a_1 = 1$, $n \geq 2$)

(2) 2, 3, 5, 9, 17, 33, □, 129, ⋯ $a_n - a_{n-1} = 2^{n-2}$ (단, $a_1 = 1$, $n \geq 2$)

기출문제 · 2019수능

첫째항이 4인 등차수열 $\{a_n\}$에 대하여 $a_{10}-a_7=6$일 때 a_4의 값을 구하시오.

풀이

$a_{10}-a_7=6$에서 $3d=6$ $\quad\therefore d=2$(공차)

$a_4=a_1+3d=4+3\times2=10$

알짜문제

공비가 양수인 등비수열 $\{a_n\}$에 대하여 $a_1=3$, $a_2\times a_3=72$일 때 $a_1\times a_2$의 값을 구하시오.

삼각함수

VI

- 봄 여름 가을 그리고 겨울의 주기성
- 라디오의 AM과 FM은 뭐가 다를까?
- 주식의 흐름과 프랙탈 도형

"봄 여름 가을 없이 밤마다 돋는 달도 예전엔 미처 몰랐어요. 이렇게 사무치게…" 김소월의 시를 가사로, 록그룹이 불렀던 노래를 흥얼거린다. 세상의 많은 노래 중 계절은 끊임없이 불린다. 그리고 계절은 사랑만큼이나 사람을 추억으로 이끈다.

잠시 낭만에 빠졌다가. 다가올 여름 더위와 가을을 보내고 찬바람이 불면 김장을 준비하게 될 거라는 현실적인 생각에 헛헛한 웃음을 짓는다.

봄 여름 가을 그리고 겨울의 주기성

삼각함수는 주기성을 이해할 수 있는 단원이다.

주기성? 인생에는 굴곡이 있다. 잘 나갈 때가 있는가 하면 인생이 꼬여 답답할 때도 있다. 컨디션이 침체돼 자신감이 떨어지는 경우가 있는가 하면 몸과 마음이 가벼워서 하늘을 나는 기분일 때도 있다.

최상에서 최악으로 떨어질 때는 좌절하고 실망하지만 머지않아 분위기가 반전될 걸 기대하며 견딘다. 그리고 다음 순간 다시 기회가 찾아온다. 최악에서 점차 회복된 최고의 순간이다. 그러나 그 순간도 잠깐, 또 하락이 시작될 수 있다. 굴곡이 우리의 운명이므로 인생의 사이클을 예로 들었지만 돌고 도는 세상사는 우리 주변에서 얼마든지 찾아볼 수 있다.

이런 변화의 사이클 중 가장 잘 알려진 게 경기순환인데 침체기가 있으면 회복기도 있고 회복기를 거쳐 호황기에 이른다. 그러나 항상 호황일 수는 없는 법, 다시 경기가 후퇴기를 맞고 결국은 침체기에 이른다. 침체기는 그대로 있지 않고 다시 회복기를 탈 거고 또 호황기를 맞는다. 그리고 또 후퇴기, 침체기, 또 회복…. 계속되는 경기순환이 우리가 경제 시간에 배워온 경제 사이클이다. 이걸 잘 보면 마치 계절의 변화와 같다. 봄이 지나면 여름이 오고 어느새 가을을 맞으며 결국은 추운 겨울에 이른다. 그러나 겨울은 그대로 있지 않고 다시 봄이 되고 여름이 오며 다시 가을, 겨울로 이어진다. 계절의 변화도 우리는 위대한 사이클이라고 부르며 우리말로는 주기라고 한다.

주기는 왜 생길까? 그건 지구가 태양을 돈다든지, 달이 지구를 도는 것처럼 위대한 자연의 섭리(공전이나 자전)에 주기성이 작용하기 때문이다. 이 위대한 우주의 질서는 무한히 이어지면서도 같은 패턴을 반복함으로써 인간의 생활을 가능하게 한다. 이 주기성이 무너진다고 생각해 보라. 우리는 예측 불가능한 세상에서 단 하루도 살아남을 수 없다. 잘 생각해 보니 새삼 이 위대한 주기성에 공감하고 감사해야 할 것 같다.

이제부터 근본적인 우주의 질서를 수학적으로 규명해보자.

자, 주기성을 원활하게 공부하기 위해서는 우선 가장 기본적인 기하학적 이해가 필요하다. 직각삼각형에서 변의 비 값을 정의하면서 공부를 시작해야 하는데 사인, 코사인, 탄젠트라고 불리는 변의 비율이다.

아래 그림1에서 각 A에 대해 삼각비를 $sinA = \dfrac{a}{c}$, $cosA = \dfrac{b}{c}$, $tanA = \dfrac{a}{b}$ 로 약속한다.

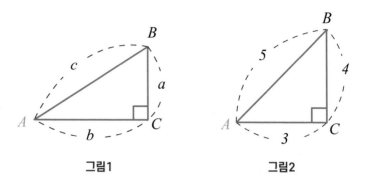

그림1   그림2

예를 들어 그림2에서 $sinA = \dfrac{4}{5}, cosA = \dfrac{3}{5}, tanA = \dfrac{4}{3}$ 이 될 것이다.

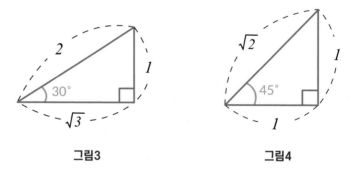

그림3   그림4

그림3에 따르면 $sin30° = \dfrac{1}{2}, cos30° = \dfrac{\sqrt{3}}{2}, tan30° = \dfrac{1}{\sqrt{3}}$,

그림4에 따르면 $sin45° = \dfrac{1}{\sqrt{2}}, cos45° = \dfrac{1}{\sqrt{2}}, tan45° = 1$ 이 되

기도 한다. 참고로 직각삼각형에선 두 변의 길이가 알려지면 나머지 변의 길이도 정해진다(*피타고라스 정리* $a^2+b^2=c^2$).

그건 그렇다 치고 이 값들이 변하는 양상을 잠깐 살펴볼까 한다. 흔히 주기성을 이해하는 데는 원의 둘레를 빙빙 도는 점을 생각하면 이해가 잘되기 때문에 이 그림을 보는 게 아주 유익하다.

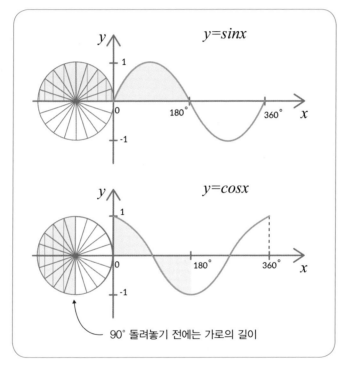

그림5

사인의 값은 아무래도 그림의 노란 선과 같다. 빗변(*검은 선*)이 변함없다면 각에 따라 변하는 파란 선의 길이가 바로 사인 값이다.

이 값은 점점 커질 것으로 생각되지만 지구가 태양의 둘레를 돌듯이 그림처럼 위치가 변하면 점점 작아지기도 하며 수학적으로 음수가 되기도 한다(너무 어려우면 밑에 부분이 음인 부분이니까 부호만 반대로 되고 양의 부분처럼 될 거라고 생각하면 된다). 그러다가 한 바퀴 돌고 나면 다시 처음 그 자리로 돌아오게 되는데 사실이 정도만 알고 살아도 미래가 올지 안올지에 대한 두려움은 없다.

자연은 하나같이 이걸 반복한다. 이게 소위 사인곡선이라는 것이며 자연과학과 사회과학을 막론하고 과학책에 흔히 등장하는 곡선이다.

사인이 직각삼각형에서 세로의 길이라면 코사인은 가로의 길이가 된다. 그러므로 사인이 커지는 구간에서는 코사인이 줄어들고 반대로 사인이 작아지는 구간에서는 코사인이 커진다.

탄젠트는 $tanA = \dfrac{a}{b}$ 이므로 $tanA = \dfrac{sinA}{cosA}$ 라고 할 수 있는데 그 값은 극단적인 부분이 있으므로 그래프가 그림6과 같이 나타난다.

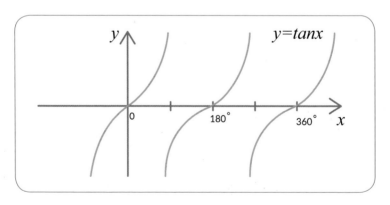

그림 6

삼각형에는 반드시 세 변과 세 각이 있다.

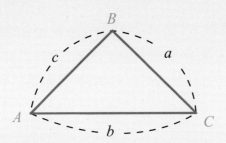

이를 삼각형의 6요소라고 한다. 거창하게 이름을 붙였지만 그냥 변 3개와 각 3개를 이른다.

이건 어떤 삼각형에나 당연히 있는데 중요한 사실은 이 중 3가지를 알면 삼각형이 결정된다는 점이다. 다른 말로 6가지 중 3가지를 알고 있으면 나머지 3가지를 알 수 있다는 뜻이다. (단, 각만 3개 아는 경우는 제외)

이 사실을 바탕으로 우리는 실제 측량문제를 종이 위에 그려서 나타낼 수 있고 많은 작업을 현장에서 하는 것처럼 시뮬레이션할 수 있다.

그림과 같이 상가 위에 마트 개업을 알리는 대형 에드벌룬이 똑
바로 떠 있다. 도대체 높이는 얼마나 될까?

이런 측량은 건축이나 토목 관련 일을 하는 경우 매일같이 해
야 하는 작업이다. 간단한 도면 작업은 일반인들도 누구나 따라해
볼 수 있다.

라디오의 AM과 FM은 뭐가 다를까?

복고풍이 대세다. 세시봉이 돌아오고 트로트가 재기했다. 과연 인생은 돌고 도는 걸까?

얼마 전 TV에서 가수 양희은의 인터뷰를 봤다. 아직도 모 방송국의 '여성시대'를 진행한다고 했다. "아! 라디오." 말 못할 사연을 꾹꾹 눌러가며 참고 살아가던 80~90년대 엄마들의 깨알 같은 사연을 담아내던 '여성시대'였는데 아직도 이어지고 있다니 새삼 마음이 간다. "아, 옛날이여."

사실 그 당시 '여성시대' 같은 엄마들의 프로그램과는 달리 소녀들의 마음을 목소리로 사로잡은 DJ들이 따로 있었다. 김광한의 '팝스다이얼', '두시의 데이트 김기덕' 외에도 이종환, 박원웅의 목소리는 그냥 듣는 것만으로도 가슴이 설레고 위로를 받을 수 있었다. 이 DJ들은 한결같이 당시 각 방송사의 FM 대표 프로그램으로 이름을 날렸으며 깨끗한 음질과 좋은 음악을 내세우며 군웅할거

했다. 지금도 새삼 그 청춘의 기억을 떠올리면 가슴 설레고 스르르 추억에 빨려들어 간다.

가만, 그런데 '여성시대'가 그때는 AM이었던 것 같은데….

공중파 방송은 크게 AM과 FM으로 나뉜다. AM이니 FM이니 하는 것은 전파를 변조하는 방법에 따라 구분한다. AM은 진폭변조 (Amplitude Modulation), FM은 주파수변조(Frequency Modulation)라고 부른다. 진폭변조(AM)는 반송파의 진폭(amplitude)을 시간에 따라 바꾸는 형식이다. 음성신호를 반송파에 그대로 얹는 거여서 진폭이 변조되는 효과가 생기며 일부 장파나 중파에 주로 적용한다. 주파수변조(FM)는 신호의 높낮이를 파동의 밀도에 반영하는 방식으로 높은 전압의 신호는 밀도가 높아지고 낮은 전압의 신호는 밀도가 낮아지도록 받아들인다. 이런 변조는 목소리나 음악 같은 정보를 방송이나 통신을 이용해서 멀리 보내기 위해서는 필수적인 일이다.

우리가 들을 수 있는 가청주파수는 16Hz~20000Hz(20KHz)인 저주파이기 때문에 이 신호를 멀리 보내려면 높은 주파수의 파동을 이용한다.

여기서 잠깐, 다른 건 몰라도 반송파에 대해서는 설명해야 한다. 반송파(Carrier signal)란 방송이나 통신에서 소리나 정보의 전달을 위해 입력 신호를 변조한 전자기파를 말하며 보통 사인파다. 우리가 위에서 공부했던 $y=sinx$곡선을 말한다. 보통 소리나 정보를 멀리 보내는 목적이므로 입력 신호보다 훨씬 높은 주파수를 갖는 일정한 파동이며, 목소리나 음악 등 신호를 실어 나른다.

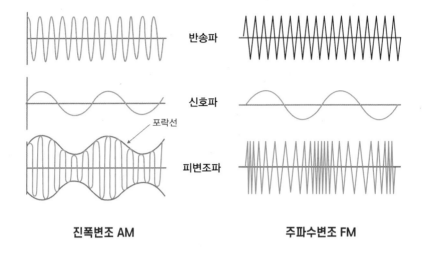

진폭변조 AM	주파수변조 FM

반송파
신호파
포락선
피변조파

'여성시대'에서 반송파로 흘렀으니 삼천포로 빠져도 너무 빠졌다. 그렇더라도 조금 더 설명하면 위의 그림에서 보듯이 AM이든 FM이든 반송파라는 일정한 파동에 신호를 얹어 보내기는 마찬가지다.

우리나라 라디오의 경우 AM은 대개 526kHz~1.6MHz의 전파를 이용하고 FM은 88~108MHz 대역의 주파수를 이용한다. 이 대역의 주파수를 적당히 나눠 이용하면 전파가 서로 겹치지 않도록 여러 방송을 동시에 이용할 수 있게 된다(이동전화나 통신기기는 보통 이보다 높은 주파수 대역의 전파를 이용하는데 여기서는 설명을 생략하겠다).

그리고 보니 우리가 늘 궁금해하던 헤르츠(Hz)라는 용어가 등장했는데 이게 바로 주파수 단위다. 1초에 진동이 몇 번 일어나느냐를 나타내는 단위이며 이렇게 기억하면 된다. '주파수는 1초에 진동한 횟수.'

독일의 물리학자로서 최초로 전파를 송수신했다는 헤르츠라는 사람의 이름을 전파단위로 썼는데 진동수가 바로 주파수다.

예를 들어 1MHz가 무엇이냐? M(메가)란 백만, 즉 10^6을 뜻한다고 밝힌 적이 있으니 그렇다면 1MHz란 1초에 백만 번 파동이 진동한다는 뜻이다. 백만 번? 깜짝 놀랄지 모르지만 걱정할 필요 없다. 그 정도는 전파의 파동에서 아무 것도 아니니까.

사실 FM은 보통 100MHz 안팎의 주파수를 이용하므로 1초에 1억 번 진동하는 거고, 통신은 G(기가) 단위를 주로 쓰니까 적어도 1GHz라면 1초에 10억 번 이상 진동하는 꼴이 된다. 파동이 우리 주변에서 이렇게 많이 진동하느냐고 불안해할지 모르지만 전파 정도의 파장은 아직까지 크게 유해성을 발견하지 못했으므로 이 수준의 라디오나 통신 전파는 늘 통용된다.

AM 주파수의 경우는 경제성과 함께 전자파에 대한 의심이 있어 위축되는 경향이 있으나, 비행기 관제 시스템 등에서는 안전을 고려해 AM을 선호하기도 한다.

보통 3T(테라)Hz 이하의 주파수를 전파라 하고 그 이상은 광선이나 방사선에 속하므로 지금 우리가 거론하는 전파 정도는 대체로 무해하다고 본다.

이상에서 살펴봤듯이 주파수와 진동수는 같은 말이 되겠다. 그럼 우리가 앞에서 배웠던 사인 곡선을 떠올릴 때 주기와는 반대 개념이 되겠는걸. 주기가 짧으면 진동수가 커지고 주기가 길어지면 진동수가 작아지니 당연한 이치다.

흐음, 진동수 $\propto \dfrac{1}{주기}$ ($\propto$는 비례한다는 뜻). 역수가 비례하니까 한 마디로 반비례라는 뜻이다.

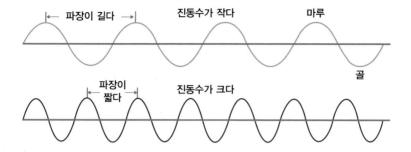

지금까지 한 이야기는 1초라는 기준 시간에 사인파 모양의 파동이 움직일 때 주기에 따라 진동수가 결정되고 그 진동수가 바로 주파수라는 설명이었다.

이 과정에서 혹시 어디서 들어 봤던 파장이라는 말을 기억해 낸 독자도 있을 텐데, 파장은 말 그대로 파동의 길이를 말한다. 따라서 파장은 주기와 비례하는 값이긴 하지만 길이 개념, 주기는 시간 개념으로 파악해야 한다.

라디오를 추억하다가 파장과 주기, 주파수 문제까지 왔다. 날이 갈수록 개인 통신이 발달하고 모바일이나 인터넷을 선호하는 환경에서 언제까지 아날로그의 향수가 개인 정서를 위로할지는 모르겠다. 하지만 오늘은 모처럼 PC나 스마트폰의 앱을 끄고 먼지 쌓인 라디오를 꺼내 공중파에 사이클을 맞춰보는 것도 재미있을 것 같다. "아. 아직도 AM방송국은 꽤 많이 있네. '여성시대'는 FM으로 옮겼지만.", "역시 음질은 FM이 좋아. 잡음이 섞이면 그걸 잘 흡수하거든. 터널을 뚫고 들어가는 힘은 약하지만 말이야."

아~ 옛날이여~

주식의 흐름과 프랙탈 도형

코로나19 여파로 경제가 휘청거렸다. 세계보건기구 WHO의 팬데믹*(Pandemic)* 선언 이후 실물, 금융 할 것 없이 전 세계 경제가 공황 상태에 빠졌는데 이 모든 혼란 양상이 그대로 주식시장에 반영됐다.

주식은 도박일까? 주식을 조금 갖고 있던 개미 투자자들은 하루아침에 자신의 돈이 썰물처럼 빠져나가는 황당한 상황을 속수무책으로 바라보고만 있었다. 이 시점이 당장 주식을 팔고 손해를 최소로 해야 할 때인지, 회복하기를 참고 기다려야 하는지 도무지 감이 오지 않는다. 소위 전문가라는 사람들도 늘 의견이 나뉜다. 그래서 주식은 스릴 있지만 수명을 단축시키는 효과도 분명 있을 거라고 뒤늦은 후회를 하기도 한다.

그러나 이런 많은 사람의 후회에도 불구하고, 이 폭락장이 큰 상승장의 시작이라고 생각하고는 은행 빚을 내서 적당한 타이밍을 저울질하는 또 다른 후보군이 있다. 이들은 우량주를 눈여겨보며 새로운 대박의 미래를 꿈꾼다.

결국은 타이밍이다. 주식을 사는 것도 파는 것도 적기를 포착해 재빨리 실행해야 한다. 그러면 그 타이밍은 어떻게 잡을까? 혹자는 점을 보거나 남의 말을 따라 부화뇌동한다. 많은 사람들은 가격의 등락을 보고 감에 따라 매매한다. 그러나 주식은 도박이 아니고 경제이며 과학이고 수학이라고 근사하게 말하는 주식전문가들은 한결같이 주가 흐름의 그래프를 보고 과학적으로 접근하라는 기술적인 면을 조언한다.

그렇다면 장광설은 그만 두고 시세그래프나 살펴보자. 주가는 경제 흐름을 반영하므로 경제 사이클과 비슷하게 움직인다고 한다. 따라서 앞서 다룬 사인곡선이 주가 변동 곡선에도 등장하고 경기순환과 비슷한 상승-고점-하락-저점-상승의 주기를 반복하게 된다. 때론 지난 코로나 위기 때처럼 하루, 이틀 사이에 이 사이클이 몰아닥칠 때도 있다.

이런 이치야 당연한데 주식공부가 정말 어렵다고 머리를 흔드는 일반인들은 주가분석을 포기하고 그저 누구나 알고 있는 '산이 높으면 골이 깊다.'느니 '무릎에서 사서 어깨에서 팔아라.'는 경구만 믿고 시세 전광판을 들여다보게 된다. "그런 소린 누가 못해. 그게 언젠지 알 수 없으니 문제지."라고 자신에게 핀잔해 가면서.

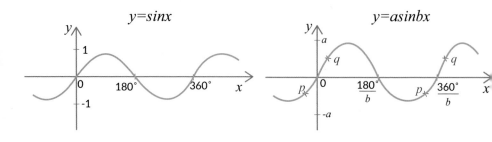

y=sin*x* 곡선 vs y=*a*sin*bx* 곡선 (*p*, *q*표시)

그림에서 진폭이란 최고점과 최저점의 차이를 말하며 $y=\sin x$의 진폭은 2(최대값 1, 최소값 −1)이므로 $y=a\sin x$의 진폭은 2a(최대값 a, 최소값 -a)이다. 한편 $y=a\sin bx$까지 분석해보면 진폭은 2a지만 $y=\sin x$에 비해서 x가 b배 빠르므로 주기는 $\frac{360°}{b}$가 된다.

이 곡선이 주가등락 곡선과 비슷해 보일지 어떤지는 보는 사람의 마음에 따라 크게 다를 수 있다. 이익을 봤든 손해를 봤든 눈치와 감으로만 주식투자를 한 경우라면 "에이, 저런 거 필요 없어." 하고 손사래를 칠지 모르지만 전문가들은 이런 그래프에서 어떤 패턴을 발견하라고 강조한다.

$y=a\sin x$의 진폭은 2a이므로 a값이 커질수록 기대와 함께 두려움도 커진다. '그래도 좋아. 어차피 돈 놓고 돈 먹기.' 호기롭게 대들더라도 '무릎에서 사서 어깨에서 팔아라.' 정도는 지키려고 할 텐데 이 그래프에서 보면 p가 무릎, q가 어깨쯤 될 것 같다.

p에서 사고 q에서 팔면 얼마나 좋을까? 그러나 많은 사람이 반대로 투자하고 땅을 친다는 게 전문가들의 지적이다. 그럼 단순해 보이는 이 곡선에서 '왜 나는 저 p와 q점, 매매 타이밍을 찾지 못하는 걸까?' 이유는 단순해 보이는 이 곡선의 흐름 안에 다시 작은 등락곡선의 흐름이 존재하기 때문이다.

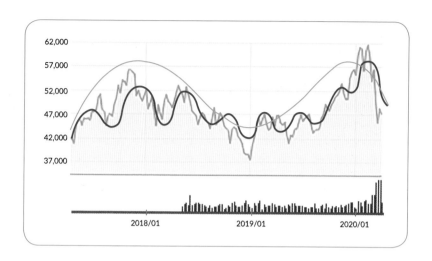

S 전자 3년 주가변동 곡선

마치 마주루카 인형처럼 자기 안에 작은 자기, 그 안에 더 작은 자기가 계속 존재하고 있는 걸 자기닮음도형(곡선)이라고 한다. 곡선의 경우 패턴이 끊임 없이 반복되기 때문에 그 속 어딘가에 머물러있을 때는 과연 어디가 무릎이고 어디가 어깬지 좀처럼 알아내기가 어렵다. 쉬운 것 같아도 주식에서 타이밍을 찾기 어려운 이유다.

물론 시간이 지난 다음엔 그래프를 보면서 '그래, 그때가 어깨였어.', '그때가 무릎이었지.' 할 수는 있겠지만 그 당시에는 그때가 어깨였는지, 무릎이었는지, 아니면 상투였는지 발목이었는지 아무도 모르는 거다.

수학적으로는 주가그래프가 그저 단순히 등락하는 게 아니고 위의 그림처럼 그 커다란 흐름의 내부에 다시 단기간의 등락이 있으며, 하루 또는 한 시간 사이에도 그 비슷한 등락이 끊임없이 발생하고 있다. 마치 롤러코스터 안에서 스릴을 느끼는 사람은 그 순간순간의 느낌은 즐기지만, 출발에서부터 도착까지 놀이공원을 한 바퀴 돌면서 높낮이를 경험하는 롤러코스터의 전체적인 모습을 바라보지 못하는 것과 비슷하다.

주식은 불규칙적 요소가 많고 수학적인 분석이 어려운데 그 이유는 큰 등락곡선 안에 다시 부분적인 등락곡선이 끊임없이 존재하기 때문임을 설명하다가 말이 길어졌다.

주가의 등락곡선에 대해서는 큰 성과 없이 조금 알아본 걸로 만족하고 여기서 언급된 자기닮음곡선으로 눈을 돌리자. 자기닮음도형을 수학적 용어로는 프랙탈이라고 하고, 이는 수열에서 취급하는 중요한 주제 중 하나이다. 앞선 수열 단원의 문제이기는 하지만 복습 삼아서 잠시 생각해볼 만하다.

문제1

그림에서 진폭과 주기가 $\frac{1}{2}$배로 한없이 감소할 때 빗금 친 부분의 넓이를 구하시오.

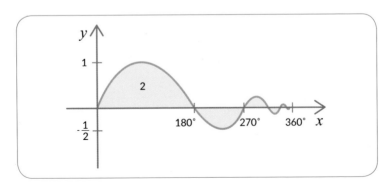

이 넓이는 단순히 닮음비만 갖고도 구할 수 있다. 차례로 작아지는 곡선의 넓이를 일일이 다 구하지는 않는다는 거다.

넓이를 S라고 했을 때 초항(처음 넓이)이 1이라면 공비(넓이비)가 $\frac{1}{4}$이므로 모든 넓이의 합은 $S = \dfrac{1}{1-\frac{1}{4}} = \dfrac{1}{\frac{3}{4}} = \dfrac{4}{3}$가 된다.

그런데 처음 넓이가 2이므로 $2 \times \dfrac{4}{3} = \dfrac{8}{3}$.

만일 그림을 조금 바꾸면 다음과 같다.

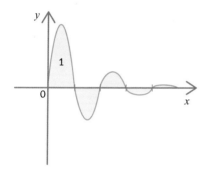

진폭만 계속 1/2

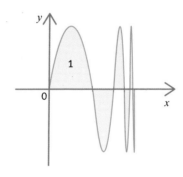

주기만 계속 1/2

이들의 넓이는 공비(닮음비)가 $\frac{1}{2}$이므로 모든 넓이의 합이 각각 $S = \dfrac{1}{1-\frac{1}{2}} = \dfrac{1}{\frac{1}{2}} = 2$가 된다.

프랙탈(자기 닮음도형)은 이제 일반에 너무 많이 알려져서 낯설지 않은 주제이며 자연 속에서 쉽게 발견되면서도 신비롭고 아름다운 패턴을 보이고 있다.

리아스식 해안, 구름, 우주의 모습, 눈송이와 양치류의 가지 등이 잘 알려져 있지만 멀리 갈 것도 없이 나뭇가지가 뻗어나가는 모습이나 잎맥을 보면 자기 동형의 패턴을 쉽게 관찰할 수 있다.

코로나도 조금씩 잦아들고(이제 늘 경계하면서 살아야 하지만) 그런대로 답답함을 벗어날 때가 됐다. 천천히 베란다 문을 열고 나가 나뭇잎을 하나 떼 잎맥을 관찰하다 보면 주식시장의 흐름보다 아름다운 자연의 패턴을 발견할 수도 있지 않을까?

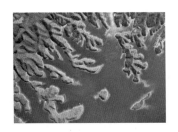
리아스식 해안

브로콜리

양치류 잎맥

번개

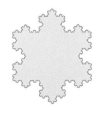
코흐 눈송이

기출문제 · 2000수능

삼각형 ABC에서 $6sinA = 2\sqrt{3}\,sinB = 3sinC$ 가 성립할 때, $\angle A$의 크기를 구하시오.

풀이

$sinA : sinB : sinC = 1 : \sqrt{3} : 2$이며 변의 길이의 비와 같으므로 $\overline{BC} : \overline{CA} : \overline{AB} = 1 : \sqrt{3} : 2$이고 $\angle A$의 크기는 $30°$이다.

*삼각함수는 오랫동안 수능 범위에서 빠져 있다가 2021 대입에 추가됐다.

알짜문제

$sinA = \dfrac{3}{5}$ 이고 $cosA + cosA \times tanA < 0$일 때, $cosA$의 값을 구하시오.

미분

• 자동차 계기판의 숫자, 미분

모처럼의 여름휴가를 맞아 서울에서 부산까지 여행을 떠난다. 400km 거리를 자동차로 이동하기로 했는데, 아침 9시에 출발해서 오후 2시(14시)에 도착했다. 이렇게 긴 시간이 걸려도 자동차 여행은 즐겁기만 하다.

자동차 계기판의 숫자, 미분

119쪽의 사례로 이야기를 나눠 보자. 이 경우 "비교적 잘 갔네. 400km 가는 데 5시간 걸렸어?"라는 반응이 나올 거다. 그리고 자동차가 시속 80km로 달렸다고 볼 때, 그럴듯하게 80km/h라고 쓴다. 이걸 흔히 속력, 전문용어로는 평균속력이라고 부르는데 1시간당 80km씩 달렸다는 뜻이다.

보통 속력이라고 하면 이 평균속력을 말하는 걸로 아는데 실제로는 꼭 그렇지 않다. 평균속력 말고 순간마다 변하는 속력도 있다. 이런 걸 순간속력이라고 부른다. 사실 우리가 자동차를 이용하면서 늘 보게 되는 자동차 계기판의 숫자, 이게 바로 순간순간의 속력이다. 그리고 이를 이론적으로 설명한 게 그 유명한 미분이다.

오잉, 그게 미분이라고? 자동차 계기판이? 그렇다. 그게 바로 미분이다. 그러니 너무 어렵게 생각하지 말자. 순간순간 변하며 표시되는 계기판의 숫자가 순간속력이며, 그럴듯하게 말하면 미분이라는 거다. '미분?' 어디서 들어 본 굉장히 어려운 수학 용어로 알고 있었는데 자동차 속도계가 바로 미분이라니….

그럼 평균속력과 순간속력(*미분*)은 왜 배울까? 이걸 먼저 이해하면 좀 더 깊이 있는 미분의 세계를 파헤칠 수 있다.

평균속력이란 말 그대로 전체적으로 어떻게 변했는지 생각하게 하는 값이다. 위 문제 '서울에서 부산까지 400km를 다섯 시간 동안 이동'했다는 사실은 그 자체만으로도 의미가 있다. "여행자들이 큰 고생은 안 했다"느니 "도로 사정이 평이했다"느니 짐작을 할 수 있을 거다. 그러나 평균속력에는 이동 중의 세세한 사연까지는 담겨져 있지 않다. 전체거리를 전체 시간으로 나눠 평균적으로 움직인 거시적 내용만 담겨져 있다.

이와 비교했을 때, 미분은 세세한 사연을 말해준다.

사실 9시에 출발해 톨게이트를 벗어나는 동안은 지체와 정체의 반복이었다. 자동차의 계기판이 시속 20km(a)를 오가다가 기어이 0km로 멈추기도 했다(b), 이후 시속 10km정도(c)로 지체하면서 1시간이 흘렀다. 그러다가 톨게이트를 벗어나면서 거짓말처럼 길이 뚫렸다. 시속 120km(d), 심지어 감시 카메라가 없으면 140km 이상을 밟기도 했다(e). 구간 단속을 하는 지점에서는 아예 크루즈 모드로 자동차를 운전해 정확하게 110km/h(f)를 유지하기도 했고 구간을 마치면 또 액셀레이터를 밟았다(g). 신나는 질주였다. 12시가 돼 휴게소에 들렀다. 부산에 도착하면 광안리 회 센터로 직행하기로 했으므로 간식으로 요기하고 잠깐 쉬었다. 30분. 충분한 시간이었다(h). 휴게소에서 출발해 길을 재촉했다. 출발은 지루했지만 예상보다도 빠른 시간이었다. 머지않아 부산의 푸른 바다를 만나게 될 터였다. 그러나 방심은 금물. 부산으로 향하던 무난한 여정(i)이, 아뿔싸 마지막 밀양 분기점에서 그만 진입로를 잘못 접어들어 반대 방향으로 향하게 됐다(j). 한번 들어선 고속도로는 달리 방법이 없었다. 꼼짝없이 오던 길을 되돌아 달리다가 다음 인터체인지를 만나서야 다시 방향을 잡을 수 있었다(k). 길을 잘못 들어 되돌아 원위치로 오는 데 20분을 허비한 것 같다. 그리고 마지막 부산 톨게이트까지는 정속 주행(l)으로 구구절절한 5시간 여행을 마무리하게 됐다.

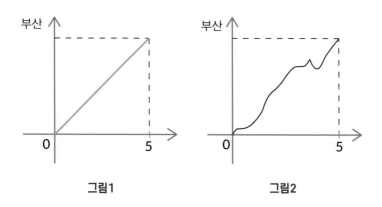

그림1과 그림2는 자동차가 서울에서 부산까지 이동하면서 움직이는 과정을 나타내는 그래프이다. 그림1과 그림2 중 자세한 여행

의 상황을 담은 건 뭘까? 두말할 필요 없이 그림2다. 그림1은 처음
과 끝만 나타내는 결과 중심의 그림인데 비해, 그림2는 여행을 하
면서 있었던 일들을 시간과 위치 관계로 잘 보여주고 있다. 아마 이
자동차의 블랙박스 내용을 대입하면 그림2와 정확하게 일치할 거
다. 이렇게 자세한 사연, 시시각각 변하는 움직임을 우리는 중요시
하게 됐고 그걸 다 표시할 수 있게 됐다. 이처럼 자동차의 순간속력
계기판, 이걸 바로 미분이라고 할 수 있으며 순간속력을 이어나가
면 그림2가 자연스럽게 완성된다.

　그림3은 그림2의 (a)부터 (l)까지의 과정을 구간별로 다시 표시
해 본 거다. 여기서 노란색의 접선이 바로 위에서 언급한 순간순
간의 속력이다.

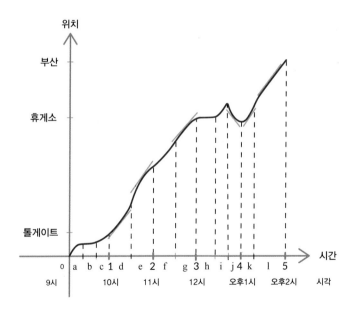

그림3

미분은 사실 미분 값을 통해 함수를 알아낼 수 있다는 점에서 의미가 있다. 블랙박스를 찾아 순간속도를 알게 되면 사고 난 자동차의 운행기록을 짐작해 낼 수 있다는 사실은 아주 매력적이다.

사실 블랙박스를 보면 그림3 노란색 접선들의 정보를 알게 된다. 이 선들을 많이 그릴수록 파란색의 곡선을 잘 유추할 수 있다. 그래서 항공기나 자동차 사고가 발생하면 블랙박스를 회수해 분석하는 거다. 쉽게 말하자면 블랙박스에서 노란색의 정보를 얻고 파란색의 운항경로를 유추하는 거다.

문제1

어떤 자동차의 사고 전 1분간의 기록을 살펴보자. 블랙박스를 통해 표와 같은 값을 알아냈다면, 실제로 이 차는 어떻게 운동했을까? (사고 위치 기준)

시간	순간속력 (km/h)	참고
30분 00초	50	500m 전
30분 10초	40	진행
30분 20초	30	진행
30분 30초	10	진행
30분 40초	0	정지, U턴
30분 50초	−10	진행
31분 00초	−20	마트 앞 사고

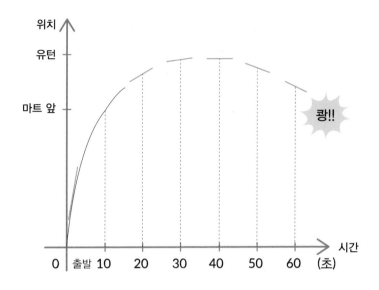

그림4

124쪽의 표에 따라 그림4의 노란색 직선을 표시했다. 이 선들을 많이 그을수록 이 선들에 밀착되는 곡선을 잘 찾아낼 수 있을 거다. 이게 바로 미분 값*(노란색의 순간속도)*을 통해서 함수*(파란색의 실제 운동)*를 찾아내는 원리다.

이제 미분에 대한 이해가 좀 용이해졌을까? 이런 간단한 비교를 통해서도 알게 됐겠지만, 기술과 정보가 진화함에 따라 자연과학이나 사회과학에 대한 미세 분석이 점점 가능해지고 그 가치가 중요시되는 게 피할 수 없는 상황이다. 그래서 현대 사회는 미분을 빼고는 말할 수 없다고들 하는 거다.

야구선수 유연진 선수가 정확하게 자기 머리 위를 향해 초속 40m 로 공을 던졌다고 하자. 흠. 40m/sec. 공기의 저항이나 외부 조건 을 무시하고 오직 지구에서 당기는 소위 중력이라는 것만 인정하 면 유 선수가 머리 위로 던진 공에는 처음 속도와 지구의 중력가속 도(9.8m/sec²이지만 10m/sec²으로 계산해 보자)만 영향을 미친다. 이 때 공이 올라갔다가 떨어지는데 그 높이의 식은 $h=40t-5t^2$이라는 식이 된다.

이는 물리에서 유명한 $h = v_0 t - \dfrac{1}{2} g t^2$ 이라는 식을 이용한 거다.

유 선수가 던지는 힘은 등속운동이고 하늘로 향하니 +부호로 $v_0=40$이 라는 값을. 지구에서 잡아당기는 힘은 등가속도가 작용해 중력가속도 를 썼으며 하늘과 반대인 지구로 향하니까 -부호에 $\dfrac{1}{2} g = \dfrac{1}{2} \times 10$ 을 적용한 식이다. $h = 40 \times t - \dfrac{1}{2} \times 10 \times t^2 = 40t - 5t^2$.

아무튼 이런 함수는 보통 문자를 x. y로 바꿔 써서 $y=40x-5x^2$ $(0 \leq x \leq 8)$으로 나타내는데 시간 t를 독립변수 x로. 높이 h를 종속변 수 y로 바꾼 것에 불과하니 헷갈릴 일은 없을 거다. 그리고 $(0 \leq x \leq 8)$ 처럼 x의 범위를 쓸 때가 많은데. 이 범위에서만 이 함수가 의미 를 갖는다는 뜻이다. 문제에서는 유 선수가 땅 위에서 공을 던진 경 우 8초 후면 다시 땅에 떨어지고. 그 후에 땅을 파고 들어가는 상황 을 생각할 수는 없으니까 0부터 8초까지만 의미가 있다는 뜻이다. 얘기가 좀 어려워졌다고 느끼는 독자는 잘 이해되지 않는 부분을 한 번만 더 읽어보면 충분할 듯 하다.

이제 위에서 공부한 내용을 전문적인 수학적 표현법으로 전개해 보자.

x가 조금 바뀐 양을 Δx(어떤 점 x에서 $x + \Delta x$로 바뀐 양), y가 조금 바뀐 양을 Δy(x의 함숫값에서 $x + \Delta x$의 함숫값으로 바뀐 양)라고 하자. $\Delta y = 40(x + \Delta x) - 5(x + \Delta x)^2 - (40x - 5x^2) = 40(\Delta x) - 10x(\Delta x) - 5(\Delta x)^2$이다.

이걸 Δx로 나눈 값을 변화율이라고 하며, $\dfrac{\Delta y}{\Delta x}$를 말한다. $\dfrac{\Delta y}{\Delta x} = \dfrac{40(\Delta x) - 10x(\Delta x) - 5(\Delta x)^2}{\Delta x} = 40 - 10x - 5(\Delta x)$이 될 거다.

여기서 $\Delta x \to 0$(한없이 0에 가까워진다는 뜻)이니 $\dfrac{\Delta y}{\Delta x} = 40 - 10x$에 가까워질 거다. 이걸 $\lim\limits_{\Delta x \to 0} \dfrac{\Delta y}{\Delta x} = 40 - 10x$이라고 쓰는데 이게 바로 그 유명한 뉴턴이 고안한 미분 y'의 정의이다.

$y' = \lim\limits_{\Delta x \to 0} \dfrac{\Delta y}{\Delta x} = 40 - 10x$, $x = 0$일 땐 $y' = 40$, $x = 1$일 땐 $y' = 30$, $x = 2$일 땐 $y' = 20$, $x = 5$일 땐 $y' = -10$, $x = 8$일 땐 $y' = -40$이다. 이 값이 바로 속도다.

위 내용을 "아무리 봐도 모르겠다" 하는 경우 읽어보는 정도로 마쳐도 괜찮다. 본질적인 개념은 최초 설명에 다 들어 있으므로 맨 앞부분 미분의 뜻을 잘 이해했다면 다음 내용은 해설에 불과할 수도 있다. $x = 0$일 때 $y' = 40$이 되는데 던진 순간 올라가는 속도가 40m/sec란 뜻이고, $x = 1$일 때 $y' = 30$이 되는 건 1초 후 올라가는 속도가 30m/sec임을 말하며, $x = 2$일 때 $y' = 20$이라는 건 2초 후 올라가는 속도가 20m/sec란 의미이다.

이어 $x=5$일 때 $y'=-10$이란 건 5초 후 올라가는 속도가 -10m/sec란 뜻이고, $x=7$일 때 $y'=-30$이란 건 7초 후 올라가는 속도가 -30m/sec임을 의미한다. 여기서 1초 후와 7초 후, 2초 후와 6초 후의 값이 크기는 같고 부호가 반대인 이유도 한 번 생각해 보기 바란다. $x=8$일 때 $y'=-40$이라는 건 8초 후 (그러니까 땅에 떨어지는 순간) 올라가는 속도가 -40m/sec라는 뜻인데 속도에 $-$가 붙은 건 방향이 땅으로 향하니까 하늘로 향하는 기준에서는 반대의 뜻이 되는 거다. 0초일 때와 비교해 볼 수 있겠다. 아무튼 공을 머리 위로 던진다고 생각했을 때, 점점 속도가 줄다가 4초 후 최고 높이가 되고 그 다음엔 반대 방향, 즉 땅으로 떨어지는 걸 연상했다면 함수를 잘 이해했다고 할 수 있다.

미분의 정확한 정의엔 극한(Limit)이라는 개념이 필수적이다. 매 순간 짧은 시간만에 이동하면 당연히 그 거리도 짧을 테니 $\frac{거리}{시간}$로 구하는 속력의 경우 $\frac{거의0}{거의0}$이 된다. 이 $\frac{거의0}{거의0}$이라는 비례(분수) 값도 순간순간 다르기 때문에 그 값을 구한 게 바로 정확한 값으로의 미분이다. 우리가 자동차 계기판이나 블랙박스에서 보게 되는 (순간)속력은 사실 극한에서 얘기하는 거의 0과 정확히 같지는 않겠지만 현실적으로 주어지는 아주 짧은 시간(1초나 0.5초 등)을 거의 0이라고 보고 비율을 구하는 거라고 생각하면 된다.

또 어떤 운동이든 쭉 이어져야 한다는 조건도 있는데 일단 모두 그렇다고 보면 된다. 우리가 지구상에서 경험하는 현상은 모두 이어지는 상황이 아니던가. 너무 이상한 경우를 생각하는 건 일단 미뤄 두자.

수학이나 과학은 누구를 고생시키려고 억지로 만들어 놓은 게 아니다. 실제로 발생하는 일들, 우리가 항상 겪게 되는 상황을 아주 정직하고 치밀하게 찾아내는 과정일 뿐이다. 이걸 이해한다면 조금 어려워 보이는 수학적 탐구도 긍정적으로 도전해볼 만하지 않을까?

기출문제 · 2018수능

삼차함수 $f(x)=2x^3+x+1$에 대하여 $f'(1)$의 값을 구하시오.

풀이

$f'(x)=6x^2+1$이므로 $f'(1)=6\times 1^2+1=7$

알짜문제

함수 $f(x)=x^2+x$에서 x값이 1부터 2까지 변할 때, 평균변화율을 구하시오.

적분

· 피자의 넓이, 적분으로 구하기

유난히 피자가 당기는 날이 있다. 포테이토 치즈 피자. 생각만 해도 행복한 맛이지만 이게 또 얼마나 많은 열량을 선사할까 걱정되기 시작한다. '두 조각까지 욕심을 부려도 될까?' 따지는 순간 지름이 12인치인 이 라지 사이즈의 넓이가 궁금해진다.

피자의 넓이, 적분으로 구하기

물론 원의 넓이 S는 $S=\pi r^2$ 이라는 유식한 공식을 아는 경우, 133쪽에서 언급한 피자 넓이는 $S=36\pi$로 쉽게 계산된다. 그럼 과연 $S=\pi r^2$이라는 식은 도대체 어떻게 만들어진 걸까?

이 넓이를 알아내는 방법은 여러 가지 있겠지만 가장 널리 알려져 있는 건 구분구적법으로 기원전 3세기에 아르키메데스라는 천재가 고안했다고 한다. 피자가 나오기 수천 년 전 사람이 오늘날 우리가 먹을 피자 넓이를 구하게 해줬다는 사실이 재미있다.

우리는 그저 맛있게 먹으면 그만일지 모르지만, 이 천재가 알려준 방법 자체가 그리 어렵지 않으니 아르키메데스라는 이름 정도는 알아두고 구하는 방법에 한 번 머리를 써 보는 것도 나쁘지 않을 듯하다.

그림을 보면 잘린 피자를 단지 재배치한 것에 지나지 않는데 그림1은 8조각, 그림2는 16조각으로 나눈 피자 조각을 반반씩 아래,

그림1   **그림2**

위로 나눠 반대 방향으로 배치했다. 한눈에 봐도 조각을 많이 나눌수록 직사각형 모양에 가깝다. 여기서 직사각형이라는 말이 중요한데 조각을 무한히 나눌 수 있다면 정확하게 직사각형이 된다고 할수 있지 않을까?

그렇다면 가로는 원주의 반이니까 πr이고 세로는 원의 반지름의 길이와 같을 테니 r이 된다. 그래서 곱하면 πr^2, 바로 넓이는 $S=\pi r^2$이라는 공식이 완성되는 거다. 생각보다 간단하군. 피자의 넓이는 반지름이 6일 때 36π.

이렇게 어떤 넓이나 부피를 구할 때 작은 조각으로 잘라 그 값을 구하고 그것을 모두 합해서 전체를 구하는 방법을 구분구적법이라고 하는데 이게 바로 아르키메데스가 알려준 방법이고 적분의아이디어다.

사실은 적분에서도 미분처럼 극한이라는 개념이 필수적이다. 위의 피자 자르기 문제에서 본 것처럼 많이 자를수록 수학적으로 계산이 가능한 모양이 만들어지고 그 모양을 계산하게 된다. 그래서보통 무한히 자른 다음 다시 합한다고 생각하는 게 적분의 요지이다.

미분과 적분의 극한을 비교하자면 미분은 시간을 아주 작게 잡아 순간적인 시간에 거리의 비를 구하는 ($\lim\limits_{\Delta x \to 0} \dfrac{\Delta y}{\Delta x}$) 반면, 적분은 구간을 아주 많이 잘라서 간격을 좁게 한 다음 그 순간적인 시간에 대한 이동거리를 곱해서 움직인 양을 구하는 ($\lim\limits_{n \to \infty} \sum\limits_{k=1}^{n} f(x_k) \times \Delta x$) 라고 할 수 있다.

$\lim\limits_{\Delta x \to 0} \dfrac{\Delta y}{\Delta x}$, $\lim\limits_{n \to \infty} \sum\limits_{k=1}^{n} f(x_k) \times \Delta x$ 표현에 대해서는 생소하니 크게 신경쓰지 말자.

Tip

여기에서 π에 대한 얘기를 살짝 해보자. π는 약 3.14로 알려져 있는데 사실은 3.141592…으로 한없이 계속되는 값이다. 이는 원둘레가 지름의 몇 배냐를 따지다가 구한 값이다. 놀이동산의 대관람차부터 지갑에 든 작은 동전까지 이 세상의 원은 모두 모양이 같으므로(유식한 말로 닮음) 원의 둘레와 그 지름의 비도 항상 같을 텐데, '그 비율이 얼마일까? 그걸 구해보자.' 이런 생각으로 정한 값이 원주율이며 값은 약 3.14이며 정확한 값은 3.141592… 끝이 없는 불규칙적인 수이다. 이 값을 π로 쓰기로 한 것이므로 고급 수학을 하는 독자는 3.14… 어쩌고를 쓰지 말고 그냥 π라고 쓰면 더 좋다.

"그래?!" π가 3.14 또는 3 정도라고 생각하고 그냥 쓰라니 편하기도 하고 폼나서 좋다.^^

135쪽에서 언급한 직사각형 넓이에서 가로의 길이가 왜 πr인가 궁금했던 독자들도 자연스럽게 그 이유를 알게 됐을 거다. *(반지름이 r이면 지름이 두 배니까 $2r$이고 모든 원에서 원의 둘레는 지름의 π배라고 한 거라니, 원둘레는 당연히 $2\pi r$인 거다. 그리고 그림에서의 가로 길이는 원둘레의 반이니 πr인 게 당연하다.)*

앞 단원에서 $y=40x-5x^2(0 \leq x \leq 8)$라는 함수를 배운 적이 있다. 유연진 야구선수가 정확하게 자신의 머리 위를 향해 초속 40m로 공을 던졌을 때 시간 x와 높이 y의 관계를 나타낸 거다. 그림3이 바로 그 그래프인데. 그 그래프로 둘러싸인 부분인 옅은 하늘색 부분의 넓이는 뭘 의미하고 과연 그 넓이를 구할 수 있을까? 이거 어려운 일이다.

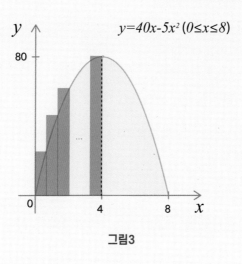

그림3

이 그래프를 유식한 말로 포물선이라고 하며, 이는 물건을 던질 때 날아가는 곡선의 모양이란 뜻이다. 옅은 하늘색 부분의 넓이는 우리가 아는 공식으로 바로 구하기 어렵다. 그렇다면 앞의 그림3처럼 직사각형 모양의 막대 합과 비교하면 어떨까? 비슷해 보인다. 그럼 한 번 구해보도록 하자.

이건 대단한 도전이니 조금만 차분하게 읽고 도저히 이해가 안 되는 경우 포기하면 된다. 정말이다. 지금부터는 전문적인 용어도 좀 나오므로 중간 과정을 보지 말고 끝에 나오는 넓이의 결과만 살펴봐도 된다.

0부터 4까지의 넓이와 4부터 8까지의 넓이가 같으니 0부터 4까지만 구하자. 우선 0~4까지를 n 개로 나눴다고 하자. 그렇다면 막대의 가로는 $\dfrac{4}{n}$, 문제는 세로의 길이인데 이는 $y=40x-5x^2$의 k 번째 함숫값이다.

$y = 40 \times \left(\dfrac{4k}{n}\right) - 5 \times \left(\dfrac{4k}{n}\right)^2$ 이게 좀 어렵겠지만 직사각형의 넓이는 그냥 곱하면 되니까 $\left[40 \times \left(\dfrac{4k}{n}\right) - 5 \times \left(\dfrac{4k}{n}\right)^2\right] \times \dfrac{4}{n} = \left[4 \times 40 \times \left(\dfrac{4k}{n}\right)\right.$ $\times \dfrac{1}{n} - 4 \times 5 \times \left(\dfrac{4k}{n}\right)^2 \times \dfrac{1}{n}\right] = \left[4 \times 40 \times 4\left(\dfrac{k}{n^2}\right) - 4 \times 5 \times 16\left(\dfrac{k^2}{n^3}\right)\right] =$ $\left[640\left(\dfrac{k}{n^2}\right) - 320\left(\dfrac{k^2}{n^3}\right)\right]$가 된다.

이제 처음에 n개로 나눴으므로 이런 꼴을 $k=1$부터 $k=n$까지 n개 모두 더해주면 된다.

$$\sum_{k=1}^{n}\left[640\left(\dfrac{k}{n^2}\right) - 320\left(\dfrac{k^2}{n^3}\right)\right] = \dfrac{640}{n^2}\sum_{k=1}^{n}k - \dfrac{320}{n^3}\sum_{k=1}^{n}k^2$$

$$= \dfrac{640}{n^2} \times \dfrac{n(n+1)}{2} - \dfrac{320}{n^3} \times \dfrac{n(n+1)(2n+1)}{6}$$

여기에 $n \to \infty$라는 극한을 적용하면 되는데

$$\lim_{n\to\infty}\left[\frac{640}{n^2} \times \frac{n(n+1)}{2} - \frac{320}{n^3} \times \frac{n(n+1)(2n+1)}{6}\right]$$

$$= \lim_{n\to\infty}\left[\frac{640}{2} \times \frac{n(n+1)}{n^2} - \frac{320}{6} \times \frac{n(n+1)(2n+1)}{n^3}\right]$$

$$= \frac{640}{2} \times 1 - \frac{320}{6} \times 2 = 320 - \frac{320}{3} = \frac{640}{3}$$

이걸 2배 하면 $\frac{1280}{3}$이다. 이게 뭘 뜻하는가 하면

0부터 8까지 3차식 $y = 20x^2 - \frac{5}{3}x^3 \, (0 \leq x \leq 8)$으로 움직이는 물체의 이동거리를 구하는 식인데 바로 옅은 하늘색 부분의 넓이가 된다. (어떤 물체가 삼차식 $y = 20x^2 - \frac{5}{3}x^3$으로 운동할 때, 이를 미분한 이차식 $y=40x-5x^2$은 속도식으로 보면 된다.)

느닷없이 삼차식이 나와서 당황했을 텐데 단지 이 포물선의 넓이를 구해보려고 한 것뿐이며 이렇게 구하는 방법을 적분이라고 한다. 이는 너무 어려우므로 옅은 하늘색의 넓이가 $\frac{1280}{3}$이 된다는 정도만 알자.

그럼 유 선수가 던진 공이 움직인 거리는 어떻게 구할까?

위 문제와 마찬가지로 적분하면 된다. 단, $y=40x-5x^2$을 적분하는 게 아니고 이것의 속도식 $y=40-10x$를 적분해야 한다. 움직인 거리는 함수와 축 사이의 넓이와 같다. (물론 $y=40-10x$를 적분하면 $y=40x-5x^2$이 된다. 즉, 원래식이 되므로 애당초 여기에 $x=4$를 대입해 최고 높이 80m를 구해낼 수도 있다.)

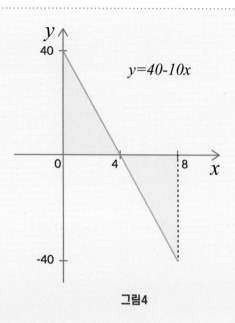

그림4

이 결과는 유 선수가 땅 위에서 공을 던진 후 8초 동안 공이 움직인 거리를 나타낸다. 유 선수가 지면에서 던진 거라고 가정하면 4초 동안은 양의 값(넓이가 양이므로 80m를 올라갔다는 뜻)이고 4초부터 8초까지는 음의 값(넓이가 음이므로 80m를 내려갔다는 뜻)이며 합해서 160m 이동한 거다. 그래프를 보면서 그 이동 경로가 완전히 반대라는 걸 발견했다면 수학이 참 신통하다고 생각하게 될 거다.

여기까지 적분이란 걸 하면서 $\sum$라는 다소 어려운 수학기호가 동원됐고 $n \to \infty$에 대한 극한의 계산이 이뤄졌는데. 이해했다면 꽤 수준급의 수학을 공부한 거다. 그러니 적분의 이해 여부는 일단 보류해두고 수고했다는 말로 얼마든지 자신을 격려해도 좋다.

적분도 미분처럼 극한이라는 개념을 필수로 갖는다. 우리는 흔히 '미적분'을 언급하면서 미분과 적분을 세트로 배우게 되는데, 그 이유는 공통적으로 극한의 개념을 갖기 때문이며 이 때문에 계산에 있어서도 서로가 역연산의 관계에 놓이게 되는 거다.

여기에 $n \to \infty$ *(무한히 많이 자른다는 뜻)*이 등장하는데 앞서 미분의 $\Delta x \to 0$ *(한없이 0에 가까워진다는 뜻)*과 비교하면 조금 비교가 될 거다. 이 '한없이'나 '무한히'라는 말이 소위 극한이라는 정의이고, 이게 미적분의 핵심 개념이라는 건 줄곧 강조했다. 그러나 이 이상 이론을 전개하는 데에는 한계가 있으니 여기까지 이해했음에 만족하고 기쁜 마음을 갖자.

적분에 있어서는, 아르키메데스 같은 고대 수학자들이 흥미를 갖고 연구한 흔적이 곳곳에서 보이는데 매우 실용적인 문제를 구하는 좋은 방법이기 때문이었을 거다. 그러나 사실, 옛날에는 극한이라는 개념이 없었기 때문에 엄밀하게는 적분 중 우리가 제일 앞부분에서 살핀 구분구적법을 이용한 걸로 알면 된다.

현재는 미분과 마찬가지로 적분의 쓰임새가 너무 광범위해 안 쓰이는 곳이 없을 정도다. 병원에 가서 건강 상태를 살피고자 정밀하게 몸속을 들여다보게 되면 '아하, 이 MRI도 적분으로 인체를 관찰하는구나.' 생각하면서 편안히 누워 있으면 된다. ^^

기출문제 · 2017수능

수직선 위를 움직이는 점 P의 시각 $t(t \geq 0)$에서의 속도 $v(t)$가 $v(t) = -2t + 4$일 때, $t = 0$부터 $t = 4$까지 점 P가 움직인 거리를 구하시오.

풀이

$$\int_0^4 |-2t + 4| \, dt = \int_0^2 (-2t + 4) \, dt + \int_2^4 (2t - 4) \, dt = 4 + 4 = 8$$

알짜문제

곡선 $y = x^2 - 2x$와 x축으로 둘러싸인 부분의 넓이를 구하시오.

마치며

수포자는 없습니다. 굳이 갖다 붙이자면 수학문제 푸는 걸 포기한 '수문포자'가 있을지 모르지요. 아이고 어른이고를 막론하고 수학이 어렵다는 건 수학책에 나오는 문제를 푸는 게 어렵다는 뜻입니다.

수학은 어디에나 있습니다. 새삼스러운 명제가 아닌 이 말은 이제 엄마들도 예사로 쓸 수 있습니다. 아침에 아이를 깨우면서 같은 일을 반복하는 주기가 하루임을 압니다. 화장대에 앉아서 로션 종류와 립스틱 색을 고르며 순열과 조합을 떠올릴 수 있습니다. 아침 설거지를 마치고 소파에 앉아 베란다 화분의 나뭇가지를 쳐다보면서 프랙탈과 수열을 감상하기도 하고, 은행에 들러 예금과 대출금 상담을 할 때 지수와 로그가 개입될지도 모르지요. 좀 근사한 외출을 했다면 음악회 무대에 놓인 그랜드피아노를 보면서, 해머가 두드리는 현의 길이는 한 옥타브마다 길이가 절반이 되며 그 사이의 음계는 등비수열을 이룬다는 사실을 떠올릴 수도 있습니다. 집에 돌아오는 자동차에서 계기판의 순간속도를 기억하는 걸로 교통 상황을 되짚어 볼지도 모르겠습니다. 사실 이건 그전부터 다 있던 겁니다. 단지 의식하지 않았을 뿐이지요.

수학문제를 포기한 아이들은 말합니다. 문제가 너무 어렵다고. 정말 그렇습니다. 문제가 어렵습니다. 아이들의 기를 죽일만큼 문제가 어렵습니다. 그래서 아이들은 자기들이 수학을 포기했다고 합니다. 그리고 포기한 줄 압니다. 버젓이 수포자라고도 합니다. 그러나 그렇지 않습니다. 수학은 결코 포기할 수 있는 영역이 아닙니다. 수학은 늘 우리 곁에 있고 생활을 지배하고 있습니다.

사실 수학책은 수도 없이 많고 학습참고서 외에도 교양물이 넘쳐납니다. 학습서는 학습서대로 학생들의 수준 향상에 큰 기여를 해왔습니다. 교육과정에 맞춘 적절한 설명과 문제는 그 자체만으로 참 근사한 면이 있습니다. 그러나 그처럼 수준 있는 문제를 만들다 보니 저마다 더 까다로운 문제를 만들어내야 했고 결과적으로 수많은 '수문포자'를 만든 게 사실입니다.

교양서로는 그야말로 읽을거리가 풍부하고 사람을 깨우칠만한 작품이 수도 없이 쏟아집니다. 대부분 '수문포자'를 안타깝게 생각하는 저자들이 젊은이들의 지혜와 도전을 격려하기 위해 손을 잡아 일으키고 싶은 심정으로 만든 결과물입니다. 그러나 이런 류의 시도는 시험에 도움이 되지 않는다는 이유로 외면을 받기 일쑤입니다.

학습서와 교양서의 중립지대. 그래서 이 책을 고안했습니다.
엄마들이 읽어도 큰 어려움 없이 이해해서 자녀들과 대화를 나눌 수 있는 교재, 아이들 입장에서는 '왜 수학을 배우는지' 깨닫고 학교 공부와 바로 연결 지을 수 있는 책, 이런 궁리 끝에 탄생했습니다.

'엄마의 수학교과서[수능편]'는 꼭 엄마를 위한 교재는 아닐 수도 있습니다. 사실 엄마들이 구입했다면 얼마든지 아이들과 함께 읽어도 좋습니다.

많은 수학 분야 중 (중)고등학교 교육과정에 소개된 단원은 나름의 이유가 있습니다. 교육과정을 이해하고 근본개념과 합리적 이유를 받아들이는 건 무엇보다 중요합니다. 이 책을 통해서 학생과 학부모가 수학이라는 공부를 어렵게 생각하거나 생활과 관련 없는 고립된 학문이라는 인식을 버리고 스스로 교육과정에 참여하고 즐기는 성과를 거뒀으면 좋겠습니다.

알짜문제 정답

Ⅰ 확률

(1)240가지　　(2)360가지

Ⅱ 통계

282점

Ⅲ 지수

x=4

Ⅳ 로그

16자릿수, 11

Ⅴ 수열

18

Ⅵ 삼각함수

$-\dfrac{4}{5}$

Ⅶ 미분

4

Ⅷ 적분

$\dfrac{4}{3}$

엄마의 수학교과서(수능편)

초판발행   2020년 7월 20일

지은이   홍창범
펴낸이   노 현

편 집   최은혜
기획/마케팅   노 현
표지디자인   벤스토리
제 작   우인도·고철민

펴낸곳   (주) 피와이메이트
             서울특별시 금천구 가산디지털2로 53 한라시그마밸리 210호(가산동)
             등록 2014. 2. 12. 제2018-000080호
전 화   02)733-6771
f a x   02)736-4818
e-mail   pys@pybook.co.kr
homepage   www.pybook.co.kr
ISBN   979-11-6519-070-5   03410

정 가   11,000원

박영스토리는 박영사와 함께하는 브랜드입니다.